电弧炉炼钢

詹鸿年　编著

北　京
冶　金　工　业　出　版　社
2022

内容提要

本书是作者在长期从事电弧炉炼钢实践经验的基础上撰写而成的，书中结合了现代化电炉炼钢的新技术和新工艺。全书共分为6章，内容包括电弧炉炼钢概论，电弧炉炼钢原材料与耐火材料，直流电弧炉——熔化（氧化）低温脱磷操作，电弧炉炼钢脱氧方法及影响因素，钢包浇铸特点及退火工艺，以及合金钢冶炼与浇铸。

本书可供电弧炉炼钢工人和技术人员阅读，也可供大专院校有关专业的师生参考。

图书在版编目(CIP)数据

电弧炉炼钢/詹鸿年编著．—北京：冶金工业出版社，2022.8
ISBN 978-7-5024-9193-2

Ⅰ.①电…　Ⅱ.①詹…　Ⅲ.①电弧炉—电炉炼钢　Ⅳ.①TF741.5

中国版本图书馆 CIP 数据核字(2022)第107493号

电弧炉炼钢

出版发行　冶金工业出版社　　**电　话**　(010)64027926
地　址　北京市东城区嵩祝院北巷39号　　**邮　编**　100009
网　址　www.mip1953.com　　**电子信箱**　service@mip1953.com

责任编辑　夏小雪　美术编辑　燕展疆　版式设计　郑小利
责任校对　李　娜　责任印制　李玉山
三河市双峰印刷装订有限公司印刷
2022年8月第1版，2022年8月第1次印刷
710mm×1000mm　1/16；11.75印张；1插页；233千字；178页
定价 68.00 元

投稿电话　(010)64027932　投稿信箱　tougao@cnmip.com.cn
营销中心电话　(010)64044283
冶金工业出版社天猫旗舰店　yjgycbs.tmall.com
(本书如有印装质量问题，本社营销中心负责退换)

前　言

近年来，我国钢铁产量持续增加，早已雄居世界首位，钢铁总产量约占世界钢铁总产量的一半以上。电弧炉炼钢是钢材生产的核心技术，发展很快，而且从业人员众多，他们对专业知识的需求十分迫切。为了满足广大工程技术人员的需求，作者以其长期在生产一线的丰富实践经验为基础，参阅了国内外大量的文献和技术资料，加以总结，撰写了本书。在内容上力求理论联系实际，概述了电弧炉炼钢的技术和方法，以期对电弧炉炼钢技术水平的提升、推动行业高质量发展略尽绵薄之力。

本书共分为6章。其中，第1章电弧炉炼钢概论，叙述了由于钢中所含的化学元素种类和含量不同，形成了不同的钢号，如果没有一个编号分类的规则，就会使钢的生产和使用处于混乱状态，并影响到工业的应用和发展。第2章电弧炉炼钢原材料与耐火材料，介绍了电弧炉炼钢是一个复杂的生产过程，它由几道工序组成，而且前后工序必须紧密配合，电弧炉炼钢的原料与耐火材料的管理和使用是炼钢生产中的重要组成部分，它直接影响到钢的质量、产量、品种和成本等指标。第3章直流电弧炉——熔化（氧化）低温脱磷操作，熔化期的主要任务是在保证炉体寿命的前提下，以最少的电耗将固体炉料迅速熔化为均匀液体，同时，炉中还伴随着发生一些物化反应，如去除钢液的吸气与元素的挥发等；此外，有目的地升高熔池温度，为下一阶段冶炼顺利进行创造条件，也是熔化期的另一重要任务。第4章电弧炉炼钢脱氧方法及影响因素，介绍了还原精炼期的具体任务：一是尽可能脱除钢液中的氧，二是脱除钢液中的硫，三是最终调整钢液化学成分，使之满足规格要求，四是调整钢液温度，并为钢的正常浇铸创造条件；钢液脱氧好，有利于脱硫，且化学成分稳定，合金元素收得率也高，因此脱氧是还原精炼操作的关键环节。第5章钢包浇铸特点及退火工艺，钢包浇铸特点：钢液在模内上升时，钢液面受到空气的氧化而形成氧化膜，这对钢的内在质量带来一定的影响，为了减少或消除这种影响，浇铸时可以采取一些必要的保护措施；退火工艺：退火就是将钢加热到临界点以上较高温度，即1050~1250℃为扩散退火。第6章合金钢冶炼与浇铸，介绍了不锈钢在合金钢生产中占有较大的比重，在一般工业较发达的国家，不锈钢占钢总产量的1%~1.5%，占合金钢总产量的10%~15%；随着原子能、宇宙航行、海洋开发等尖端科学以及石油化工化学纤维等的飞速发展，对不锈钢产量、品种和性能等方面提出了许多要求，发展抗应力腐蚀破裂的不锈钢、超低碳不锈钢、高强度不锈钢、节镍不锈钢、两相不锈钢以及特殊用途的耐蚀不锈钢等成为不锈钢生产的主流趋势，因此该章重点讲述了不锈钢冶炼与浇铸方面的内容。

本书可供电弧炉炼钢工人和技术人员阅读，也可供大专院校有关专业的师生参考。

由于作者水平有限，书中不妥之处敬请广大读者批评指正！

詹鸿年

2022年6月

目　　录

1 电弧炉炼钢概论

由于钢中所含的化学元素种类和含量不同，形成了不同的钢号。如果没有一个编号分类的准则，就会使钢的生产和使用处于混乱的状态，并影响到工业的应用和发展。

1.1 化学元素符号和钢的代号

（1）常见的化学元素符号，见表1-1。

表1-1 常见的化学元素符号

元素	铁	碳	锰	磷	硫	硅	铬	镍	钼	铝	铜	钒	钛	钨
符号	Fe	C	Mn	P	S	Si	Cr	Ni	Mo	Al	Cu	V	Ti	W
元素	硼	钴	铌	钙	铅	锡	锌	氟	氮	氢	氧	镁	镧	铈
符号	B	Co	Nb	Ca	Pb	Sn	Zn	F	N	H	O	Mg	La	Ce

注：生产中常以RE代表稀土元素。

（2）各种钢的代号。具体如下：

DT　工业用纯铁　例：DT1
T　碳素工具钢　例：T8
G　滚珠轴承钢　例：GCr15
A　高级优质钢　例：20A
g　锅炉钢　例：20g
DZ　地质钻探用钢　例：DZ3
C　船用钢　例：C4
K　矿用结构钢　例：20MnVK
ML　铆螺钢　例：ML10

1.2 钢的分类

钢的分类方法很多，常用的分类方法有以下五种。

1.2.1 按冶炼方法分类

根据冶炼设备和冶炼方法的不同，工业用钢通常分为转炉钢、平炉钢和电炉钢三大类（根据它们的炉衬材料性质，每一大类又可分为酸性和碱性两种）；电炉钢还可分为电弧炉钢、感应炉钢和电渣炉钢等。

按其脱氧程度又可分为沸腾钢、镇静钢和半镇静钢，这三种钢各具优缺点。合金钢大都是镇静钢。

1.2.2 按化学成分分类

按化学成分不同，工业用钢可分为碳素钢和合金钢两大类。

碳素钢所含元素以碳为主，另外有因脱氧和保证钢的性能而加入的少量硅、锰元素。根据钢中碳含量的高低，又可分为低碳钢、中碳钢、高碳钢，一般认为碳含量小于0.25%的为低碳钢；碳含量介于0.25%~0.60%之间的为中碳钢；含碳量大于0.60%的为高碳钢。

合金钢是在碳素钢的基础上，为了改善钢的性能而特意加入一定量合金元素的钢（对硅、锰含量超过脱氧的需要而作为合金化目的加入的钢种，也列入合金钢一类）。根据所含合金元素的多少工业用钢又可分为低合金钢、中合金钢、高合金钢，一般认为总合金量小于3.5%的为低合金钢；介于3.5%~10%之间的为中合金钢；大于10%的为高合金钢。通常这三者之间并没有特别明确的界限。

合金钢根据钢中所含合金元素的名称又可分为：铬钢、铬钼钢、铬镍钢、铬镍钼钢、铬锰钼钢等。

1.2.3 按品质分类

工业用钢根据质量的高低，即根据钢中所含有害元素的多少，通常分为普通钢、优质钢和高级优质钢三大类。

（1）普通钢：普通钢的硫、磷含量不大于0.055%和0.045%，且又分为只保证力学性能的甲类钢，保证化学成分但不要求保证力学性能的乙类钢，既保证化学成分又保证力学性能的特类钢。

（2）优质钢：碳素优质钢的硫、磷含量不大于0.045%和0.040%；一般合金钢的硫、磷含量均不大于0.040%。对其他非故意加入而是从原材料中带入的残余铬、镍、铜等含量也有一定的要求。

（3）高级优质钢：这类钢一般都是合金钢，它们的硫、磷含量不大于0.030%和0.035%。

1.2.4 按金相组织分类

1.2.4.1 按退火后金相组织分类

（1）亚共析钢：金相组织为游离铁素体和珠光体。

（2）共析钢：金相组织全部为珠光体。

（3）过共析钢：金相组织为游离碳化物和珠光体。

（4）莱氏体钢：实质上也是过共析钢的一种，金相组织为碳化物和奥氏体的共晶体即莱氏体。

1.2.4.2 按正火后的金相组织分类

按正火后钢的金相组织，有珠光体、马氏体、贝氏体和奥氏体钢四类。必须说明，这种分类方法并不是绝对的，因钢材在正火中，由于冷却速度的不同，它们的金相组织也不同。

1.2.4.3 按加热及冷却时有无相变等分类

按加热及冷却时有无相变和在室温时的主要金相组织分为如下几种。

（1）铁素体钢：含碳量很低，并含有多量的形成或稳定铁素体的元素如铬、硅等，在任何温度下都保持铁素体的组织。

（2）半铁素体钢：含碳量低，并含有较多的形成或稳定铁素体的元素，以致钢在加热或冷却过程中，只发生部分 $\alpha \rightleftharpoons \gamma$ 相变，其他部分始终保持为 α 相组织。

（3）半奥氏体钢：含有较多的形成或稳定奥氏体的元素如锰、镍等，以致钢在加热或冷却过程中只发生部分 $\alpha \rightleftharpoons \gamma$ 相变，其他部分则始终保持为 γ 相的奥氏体组织。

（4）奥氏体钢：含有多量的形成或稳定奥氏体的元素，以致钢在加热或冷却过程中，始终保持奥氏体金相组织。

1.2.5 按用途分类

根据不同的用途，通常把钢分为如下几种。

(1) 结构钢：包括碳素结构钢和合金结构钢，用以制造工程结构及机械零件。工程结构用钢因为需要焊接施工的关系，大都采用低碳钢通过轧制或正火处理后使用；而机械制造用钢，常制成轴、齿轮等，既要求有坚韧的心部，又需有硬而耐磨的表面，一般是用低碳钢通过渗碳（0.30%~0.60%）、调质（淬火、回火）处理后使用。

(2) 工具钢：包括碳素工具钢、合金工具钢和高速工具钢等三种。

(3) 弹簧钢：主要用来制造弹簧。因为弹簧是在冲击、振动或长期交变应力下使用的机械零件，所以弹簧钢具有高的抗拉强度、弹性极限和高的疲劳强度。

(4) 滚珠轴承钢：主要用来制造滚珠、滚柱和轴承套圈。因为轴承在工作时承受着极大的压力和摩擦力，所以滚珠轴承钢具有高而均匀的硬度、耐磨性以及高的弹性极限。

(5) 特殊性能钢：包括不锈耐酸钢、耐热不起皮钢、高温合金、电热合金、磁性材料等。

1.3 钢的命名方法

1.3.1 优质碳素结构钢

(1) 一般钢号以平均含碳量万分之几的两位数字表示，如含碳量为0.42%~0.50%的钢即称为45号钢。

(2) 含锰量较高的钢号在表示碳数字的后面加“Mn”或“锰”，如45Mn。

(3) 沸腾钢在钢号末尾加“沸”或“F”，半镇静钢在钢号末尾加“半”或“b”，镇静钢则不加任何字尾。

(4) 专用钢在钢号后面另标专门符号，如平均碳为0.20%的锅炉钢即用20锅或20g表示。

(5) 高级优质碳素结构钢一般在钢号后加“高”或“A”字，如20A。

1.3.2 碳素工具钢

(1) 一般钢号以平均含碳量千分之几的一位或两位数字表示，为了避免与碳素结构钢混淆，在钢号前注明“T”或“碳”，如含碳量为0.95%~1.04%的钢即称为T10或碳10。

（2）较高Mn含量的碳素工具钢，在一般钢号后另标“锰”或“Mn”，如T10Mn或碳10锰。

（3）高级优质碳素工具钢在一般钢号后标以“高”或“A”，如T10MnA或碳10锰高。

1.3.3 低合金钢及合金结构钢

（1）钢号开始表示平均含碳量的万分之几，而后为钢中所含主要化学元素的中文或国际化学符号，各元素的平均含量若小于1.50%时，其数值一般不在钢号中标出，若大于1.50%时，则在各元素后标明其含量的近似百分值，如平均含碳0.20%，Mn 1.30%~1.70%，B 0.001%~0.005%的钢即称为20Mn2B。

（2）有时两个钢种的化学成分，除一主要合金元素外基本相同，而这一主要元素的平均含量也都小于1.50%，则在这一主要合金元素含量较高的钢号中，于该元素后注“1”字以资区别。例如，12CrMoV和12Cr1MoV就属于这种情况，它们的含铬量分别为0.40%~0.60%和0.90%~1.20%（平均值都小于1.50%）。

（3）高级优质合金结构钢在其钢号后加“高”或“A”字，如30CrMnSiA、50CrVA等。

1.3.4 合金工具钢和高速工具钢

（1）命名方法基本与合金结构钢相同，只是钢号前数字表示钢中平均含碳量的千分之几。当钢中含碳量不小于1%时，表示含碳量的数字可以略去，如含C 0.55%~0.65%、Cr 1.00%~1.30%、Si 0.50%~0.80%、W 2.00%~2.50%的合金工具钢即称为6CrW2Si钢。又如含C 0.90%~1.05%、Cr 0.90%~1.20%、W 1.20%~1.60%、Mn 0.80%~1.10%的合金工具钢即称为CrWMn钢。

（2）低铬合金工具钢的含铬量需以千分之几的一位数字标在钢号中“Cr”或“铬”字的后面，并在这一数字的前面加“0”字，使与一般表示元素含量百分值的标记有所区别。例如，平均含铬0.60%的合金工具钢即为Cr06钢。

（3）高速工具钢钢号中表示含碳量的数字一般均省略，如含C 0.70%~

0.80%、W 17.5%~19%、Cr 3.80%~4.40%、V 1.00%~1.40%的高速工具钢，钢号即为W18Cr4V。

1.3.5 弹簧钢

弹簧钢基本上与碳素结构钢和合金结构钢的表示方法相同，如70、70Si3Mn等。

1.3.6 滚珠轴承钢

滚珠轴承钢基本上与合金结构钢的表示方法相同，只是铬含量是以千分之几表示，为避免与合金工具钢混淆，在钢号前冠以“滚”或“G”字，如GCr15、GCr15SiMn等。

1.3.7 不锈耐酸及耐热不起皮钢

不锈耐酸及耐热不起皮钢和合金工具钢的表示方法相同，只是钢号前的含碳量一般都省略，如Cr17、Cr17Ni2等。只有在重复和含碳量较高的情况下，才以含碳量的千分之几表示，如1Cr13、2Cr13、9Cr18等。

1.3.8 电工用硅钢和纯铁

(1) 电工用硅钢用“D”或“电”字表示，其后标以2~4位数字，如D31、D41、D3200等。

第一位数字表示其含硅量，如D31含硅量为3.10%~3.75%，D41含硅量即为4.21%~4.50%。

第二位数字表示硅钢片保证的磁性。

第三、四位数字“00”表示晶粒取向程度小的冷轧硅钢片。

此外，根据硅钢片在磁化时的磁场条件（强、中、弱），分别在“D”或“电”后面以G、H、R表示，如“DG41”。如不标明，则认为在工频(50Hz)或高频下使用。

(2) 纯铁用“DT”表示，根据其化学成分和电磁性能的不同，在后面标以数字，如DT0、DT3、DT4等。

1.4 电弧炉炼钢的特点及技术经济指标

1.4.1 电弧炉炼钢的特点

电弧炉炼钢的特点有：

（1）热效率高、温度能灵活掌握：电弧区温度高达3000℃以上，足以熔化各种废钢和合金，通过电弧加热，钢液温度可达1600℃以上，由电弧直接加热钢液其热效率将超过65%。只要控制好电流和电压，就能灵活掌握钢液温度，满足个别钢种的不同要求。

（2）能够控制冶炼中各阶段的气氛：电弧炉炼钢不仅能造成炉内的氧化性气氛，且能造成还原性气氛，这是转炉和平炉所不可比拟的，因此在电弧炉炼钢过程中能够大量地去除钢中的氧、硫、磷及其他杂质，提高钢的质量。而且钢的化学成分比较容易控制，冶炼的品种也较多。

（3）设备简单，工艺流程短，投产快：电弧炉的主要设备为变压器和炉壳两大部分，比较简单。一座10t电弧炉的整套设备重量仅为90~100t。

1.4.2 电弧炉炼钢技术经济指标

电弧炉炼钢技术经济指标能够具体反映生产情况的合理与否，是企业管理工作的重要内容之一。因此我们必须了解它的含义，积极做好技术经济指标的管理工作。

1.4.2.1 产量和质量

（1）毛产量（t）：实际冶炼产量=合格量+废品量。

（2）合格产量（t）：实际合格产量=毛产量-废品量。

（3）合格率（%）：按钢种、分月、分季、分年统计，又称为质量合格率，质量合格率$=\dfrac{\text{合格产量}}{\text{毛产量}}\times100\%$。

（4）年产量（t）：每年合格产量。

（5）月产量（t）：每月合格产量。

（6）合金比：合金比$=\dfrac{\text{合金钢合格产量}}{\text{总合格产量}}\times100\%$。

（7）冶炼时间：冶炼每炉钢所需时间。

（8）切头率（%）：切头率$=\dfrac{\text{帽口重量}}{\text{帽口重}+\text{锭身重}}\times100\%$。

（9）成坯率（%）：成坯率$=\dfrac{\text{钢坯重量}}{\text{钢锭重量}}\times100\%$。

（10）利用系数（t/(MW·24h)）。

1.4.2.2 作业率

$$作业率（\%）=\frac{实际生产时间}{日历时间}\times 100\%$$

1.4.2.3 材料消耗

（1）电力消耗（kW·h/t）：电力消耗$=\frac{电炉用电量}{合格产量}$。

（2）电极消耗（kg/t）：电极消耗$=\frac{电极用量}{合格产量}$。

（3）钢锭模消耗（kg/t）：钢锭模消耗$=\frac{所耗钢锭模重量}{合格产量}$。

（4）耐火材料消耗（kg/t）：耐火材料消耗$=\frac{所耗耐火材料重量}{合格产量}$，炉龄、炉盖、钢包均按寿命计算，单位为炉（次）。

（5）钢铁料消耗（kg/t）：指冶炼每吨合格钢锭所需的废钢、生铁消耗量；可按炉、日、月、年计算。

（6）金属料消耗（kg/t）：指冶炼每吨合格钢锭所需的废钢、生铁及其他合金材料、氧化铁皮、矿石等总消耗量。

其中，氧化铁皮收得率按30%计算；铁矿石收得率按44%计算；高硅铁收得率按75%计算；锰铁收得率按65%计算；其他合金收得率按100%计算。

以上各项指标，根据具体情况可按炉、日、月、年分别统计。

2　电弧炉炼钢原材料与耐火材料

电弧炉炼钢是一个复杂的生产过程，它由几道工序组成，而且前后工序必须紧密配合。

电弧炉炼钢的原材料和耐火材料的管理和使用，是炼钢生产中的重要组成部分，它直接影响到钢的质量、产量、品种和成本等指标。

2.1　金属材料

2.1.1　废钢

2.1.1.1　废钢的分类

根据废钢的外形尺寸和单重，大致可分为以下六类。

（1）大型废钢：如废钢锭、切头、切尾、火车轮轴、重型机械的铸钢件等。

（2）中型废钢：如各种钢材的切头、切边、机器废钢件、齿轮轴、钢轨、船板、桥梁、厂房结构、各种铆焊件、各种汤道等。

（3）小型废钢：如各种小型钢材切头、切边、机器废钢件、轴、钢套、齿轮、连杆、垫板、锄、斧、镐等。

（4）轻型废钢：如钢丝、线材、钢绳、薄板及其切边等。

（5）渣钢：如钢包底、跑钢及渣钢等。

（6）钢屑：如机械加工切屑。

2.1.1.2　对废钢的基本要求

A　少锈

铁锈太多，不能准确估计熔化后钢水的重量，有可能造成短锭；同时使钢水的化学成分不易掌握；锈太多还会增加钢中的含氢量。因为铁锈的主要成分为 $Fe_2O_3 \cdot 2H_2O$，在高温下发生下列反应：

$$Fe_2O_3 \cdot 2H_2O = Fe_2O_3 + 2H_2O$$

之后 H_2O 又在钢液内发生分解反应，其反应式如下：

$$H_2O + Fe = 2[H] + (FeO)$$

从而增加了钢中的含氢量。

B 不应混入铅、锌、锡、砷等有色金属

(1) 铅：密度大，熔点低，不熔于钢水，沉积在炉底缝隙中易发生漏钢事故。

(2) 锌：熔炼时易挥发，且在炉气中被氧化成氧化锌，对炉盖有严重的损害（尤其是对硅砖炉盖）。

(3) 锡、砷等：均易引起钢的热脆，必须从原料中杜绝其来源。

C 化学成分应明确

废钢的化学成分应明确，否则钢水的化学成分将无法掌握。

D 硫、磷含量不宜过高

尽管电弧炉炼钢能较大幅度地去除磷和硫，但如果炉料中的硫、磷含量过高，仍将使电弧炉生产的各项技术经济指标（如电耗、炉龄等）下降。

E 不可混入易爆物品

废钢中不能有易爆物品和封闭容器等，以免发生爆炸事故。

F 外形尺寸不能过大

废钢过大、过重会增加装料的困难，延长熔化的时间，而且在熔化过程中容易折断电极。

2.1.2 合金返回钢

合金返回钢一般是指锻、轧车间的合金钢坯，合金钢材的切头、切尾，由于表面质量或内在质量不合格而报废的合金钢坯和合金钢材，高合金钢的车屑，炼钢车间的合金钢注余、汤道、钢包底，以及报废合金钢锭等。对于合金返回钢必须严格分类堆放管理。

2.1.3 生铁

生铁在电弧炉炼钢中，一般被用来提高炉料中的配碳量，通常配入量为10%~30%。除此以外，经过烘烤和表面较清洁，磷、硫含量低的生铁，往往在还原期钢液含碳量不足的情况下，作为增碳剂来使用。为了防止钢液中杂质过多，还原期加入的生铁不宜过多，其增碳量一般不大于0.02%。

电弧炉炼钢用的生铁成分见表2-1。

表 2-1 电弧炉炼钢用的生铁成分 (质量分数,%)

名称	代号	C	Si	Mn	P			S		
					1级	2级	3级	1类	2类	3类
配料生铁	P08	≥2.75	≤0.85	—	≤0.15	≤0.20	≤0.40	≤0.030	≤0.050	≤0.070
碱性平炉炼钢生铁	P10	≥2.75	0.85~1.25	—	≤0.15	≤0.20	≤0.40	≤0.030	≤0.050	≤0.070
增碳生铁	S10	≥2.75	0.75~1.25	0.50~1.00	≤0.070	≤0.070	≤0.070	≤0.040	≤0.050	≤0.060
酸性转炉炼钢生铁	S15	≥2.75	1.25~1.75	0.50~1.00	≤0.070	≤0.070	≤0.070	≤0.040	≤0.050	≤0.060

对上述钢铁料的管理工作有以下几点：

(1) 废钢、合金返回钢、生铁等进厂后，必须按来源、成分、大小分类堆放。

(2) 按照电弧炉炼钢的要求，最大废钢的单重应小于电弧炉第一炉装入量的三分之一；轻型废钢应打捆或打包后使用，并须拣出易爆物品、封闭容器和有害金属。

(3) 低合金返回钢应分类堆放，高合金返回钢应分钢种堆放。

(4) 渣钢中应尽量去除一些残渣，各种汤道钢应去除黏附的耐火砖。

2.1.4 铁合金

为了使钢具有不同的化学成分，符合不同力学性能的要求，需向钢中加入硅铁、锰铁、铬铁、硼铁、钛铁、镍、钨铁、钼铁、钒铁等合金。

同时为了对钢液达到脱氧的目的，在炉内或钢包内加入粉状或块状的脱氧剂。例如：铝块（粉）、硅铁（粉）、锰铁、硅锰铁、硅锰铝以及硅钙块（粉）等，其中某些铁合金既作脱氧剂也作合金化用。

2.1.4.1 对铁合金的要求

(1) 杂质要低：硫、磷含量要低，表面不应夹有炉渣和其他非金属夹杂物。

(2) 冶炼高合金钢所用的铁合金，其合金成分含量要高，这样可以减少铁合金的加入量，缩短合金熔化时间和减少降温现象。对冶炼一般钢种，须合理使用合金，以降低钢的成本。

2.1.4.2 铁合金的种类

常用铁合金的理化性能和主要使用范围见表2-2（见书后插页）。

2.1.4.3 铁合金的管理工作

在合金钢厂中，铁合金的管理工作是非常重要的，也是十分细致的，它直接影响到钢的质量和成本。例如：合金烘烤不良，会使钢中的气体含量升高；合金加错，会造成钢水报废；加入的合金块度不适合，将使冶炼操作产生被动；所用的合金品位不当，势必增加钢的成本。为此，对铁合金的管理工作提出如下要求。

A 保存

铁合金进厂时，必须随附质保书，并经过认真核实，然后入库分类存放。存放时挂牌标明其化学成分；断面相似的不同铁合金不宜邻近堆放，以免混淆。堆放场地应保持干燥整洁。

B 块度和烘烤要求

在使用前将铁合金破碎成合适块度，块度的大小由铁合金的种类、熔点、密度、加入方法以及炉容量的大小等方面综合考虑。一般说来，在合金熔点高、密度大、炉容量小的情况下，合金块度要小一些。

铁合金的烘烤一般分为以下三种情况。

(1) 退火：适用于含氢量较高的电解镍、电解锰。

(2) 高温烘烤：适用于镍及硅铁、锰铁、硅锰铁、铬铁、钛铁、钒铁、钼铁等熔点较高又不易氧化的合金。

(3) 低温烘烤：适用于稀土、硼铁、铝块等熔点低、易氧化的合金。

表2-3为各种铁合金的块度及其烘烤温度表。

表2-3 各种铁合金的块度及其烘烤温度表

项目	硅铁	锰铁	硅锰铁	铬铁	金属铬	钒铁	钛铁	钼铁	钨铁	硼铁	稀土	铝块	电解镍	电解锰
块度/kg	≤4	≤10	≤10	≤15	≤10	≤6	≤4	≤4	≤3	≤2	—	—	≤5	片状
烘烤温度/℃	≥500									≤500			300~400	500~550
烘烤时间/h	≥2									≥4			保温10	保温12

注：所列数据适用于实际炉容量为10~30t的电弧炉。

C 供应炉前的要求

（1）按钢种的不同要求，供应不同品位的铁合金。

（2）铁合金供应时，必须保证成分和重量准确。

（3）及时使用，避免受潮。

2.2 辅助材料

在电弧炉炼钢中，辅助材料主要用来造渣和在浇铸过程中作为钢液正常上升时的保护材料使用，对钢的质量影响很大。因此，必须了解它的性能，做好管理工作，以保证质量。电弧炉炼钢用的主要辅助材料有以下几种。

2.2.1 石灰

石灰是碱性电弧炉造渣的主要材料，由石灰石在800~1000℃的高温下焙烧而成。

$$CaCO_3 \xlongequal{焙烧} CaO + CO_2 \uparrow$$

为确保渣子的碱度，要求石灰中含CaO高，而其他杂质如S、SiO_2等要低。

电弧炉炼钢使用的石灰，其化学成分如下：

$w(CaO) \geqslant 90\%$，$w(SiO_2) \leqslant 2.5\%$，$w(MgO) \leqslant 3\%$，$w(S) \leqslant 0.10\%$，$w(FeO) \leqslant 2\%$，$w(H_2O) \leqslant 0.5\%$。

熔点：纯CaO的熔点为2570℃，随着SiO_2等杂质含量的增加，其熔点相应有所降低。

石灰极易受潮变成粉末，其反应式如下：

$$CaO + H_2O = Ca(OH)_2$$

因此，在运输和保管过程中要注意防潮；在使用前应在500℃以上的高温下烘烤2h或以上。石灰块度在30~100mm，块度太大熔化慢，太小易吸水，粉末过多对炉盖侵蚀性较大。

我国多年来在大生产中不断摸索，也不断吸取瑞士麦尔兹并流蓄热式竖窑之优点，但这种窑的工艺设计有不少欠缺。尽管竖窑装备水平较先进，竖窑系统程序控制的微处理机能自动变换石灰石加热和装料各阶段的顺序和操作，但如发生窑内结瘤，无法迅速排除。而我国创新360°弯管运转布料、双圆盘卸料器使窑内布料均匀、卸料均匀、窑利用系数0.8、窑顶烟气温度250℃、1h装出料等工艺制度，窑内不结瘤，窑况顺行正常，单、双膛基建低廉，维护方便简单，保证下述冶金石灰特级品标准，见表 2-4。

表 2-4 冶金石灰标准

类别与品级	化学成分（质量分数）/%						物理指标	
	CaO	CaO+MgO	MgO	SiO_2	P	S	生烧率+过烧率	活性度（4NHCl，（140±1）℃，10min）/mL
普通冶金石灰								
特级品	≥92	—	≤5	≤1.5	≤0.01	≤0.025	≤5	≥360
一级品	≥90			≤2.5	≤0.02	≤0.10	≤12	≥250
二级品	≥85			≤3.5	≤0.03	≤0.15	≤15	≥200
三级品	≥80			≤5.0	≤0.04	≤0.20	≤20	≥160
四级品	≥80			≤6.0	≤0.04	≤0.20	≤20	≥160
高镁冶金石灰								
特级品	—	≥93	≤12	≤1.5	≤0.01	≤0.025	≤5	≥360
一级品		≥91		≤2.5	≤0.02	≤0.10	≤12	≥250
二级品		≥86		≤3.5	≤0.03	≤0.15	≤15	≥200
三级品		≥81		≤5.0	≤0.04	≤0.20	≤20	≥160
四级品		≥80		≤6.0	≤0.04	≤0.20	≤20	≥160

2.2.2 萤石

萤石是由矿藏中直接开采出来的。萤石的主要作用是稀释炉渣，它能降低炉渣的熔点，提高炉渣的流动性，而且不降低炉渣碱度。萤石的粉料又是固体保护渣的主要材料之一。

此外，萤石还能使一部分 S 以 SF_6 的形式挥发。萤石对炉渣稀释持续时间不长，对炉衬有侵蚀作用，其挥发物对人体健康也有一些影响。

萤石的化学成分如下：

$w(CaF_2) \geq 85\%$，$w(SiO_2) \leq 4\%$，$w(CaO) \leq 5\%$，$w(S) \leq 0.2\%$。

熔点：纯 CaF_2 的熔点为 1400℃，含杂质时则有所降低，通常小于 1400℃。

萤石中 CaF_2 含量要高、SiO_2 含量要低，因为 SiO_2 含量太高会降低炉渣的碱度。从外观上可以看出：呈翠绿透明色的萤石，含 CaF_2 最高，含 SiO_2 和其他杂质最低，品位最好；带白色的品位中等；带褐色条纹或带黑斑的萤石，含有硫化物夹杂，如 FeS、ZnS、PbS 等，必要时应拣出不用。

萤石的块度在 10～80mm。使用前应在 100～200℃的低温下烘烤 4h 以上，温度不宜过高，否则易使萤石崩裂。

2.2.3 硅石

硅石主要用来降低炉渣的熔点，调整炉渣的流动性。但由于它会降低炉渣的碱度，对碱性炉衬有侵蚀作用，故应控制其用量。

硅石的主要成分为 SiO_2（不低于 90%），硅石的粒度要求为 5～20mm，使用前在 100～200℃的低温下烘烤 4h 以上，以蒸发其吸附的水分。

2.2.4 黏土砖块

黏土砖块的作用与硅石相似，也是用来降低炉渣的熔点，调整炉渣的流动性。在确保炉渣碱度的前提下，掺用少量黏土砖块是切实可行的。与用萤石相比较，用黏土砖块造渣具有流动性好而且持久的特点，但用量过多会影响炉渣碱度，因此也须控制其用量。

黏土砖块的主要化学成分为：SiO_2 含量约 60%，Al_2O_3 含量约 40%。

2.2.5 返回渣料

返回渣料就是经过渣洗以后的合成渣，其主要成分为：CaO 50%，Al_2O_3 40%，MgO 2%，SiO_2 2%，FeO 1%。它可以代替石灰、萤石造渣，而且具有化渣快、脱氧效果好、去硫效率高、能缩短还原时间等优点。

返回渣料使用前应去除垃圾等物，破碎成合适的块度，及时使用，防止吸水。

2.2.6 石墨粉

目前使用的主要是柳毛石墨粉，其成分（质量分数）为：固定碳 25%～30%，灰粉 62%～67%，挥发物不大于 3%，硫不大于 0.15%。

石墨粉所含灰粉的成分（质量分数）为：SiO_2 68%，CaO 9%，Al_2O_3 12%，MgO 10%，Fe_2O_3 7%。

石墨粉的粒度应不大于 0.5mm；目前主要用来作为钢锭保护渣的材料，使用前要在 140～200℃的温度下烘烤干燥。

2.2.7 苏打和小苏打

苏打又称为碳酸钠（Na_2CO_3）；小苏打又称为碳酸氢钠（$NaHCO_3$）。

它们均为带有结晶水的白色粉末，在使用前必须干燥，主要作为钢锭保护渣的材料。

2.2.8 硝酸钠

硝酸钠（$NaNO_3$）为白色粉末，主要作为发热剂里的供氧材料和钢锭的固体保护渣材料，使用前必须低温烘烤，但在烘烤时要严防燃烧。

2.2.9 木框

木框是钢锭浇铸时的保护材料之一，最好用杉木制作，要求无油节、清洁干燥，使用前水分应不大于3%。

2.2.10 氩气

氩气是一种惰性气体，密度略大于空气，主要用来作为浇铸高合金钢时的保护气体。近年来钢包吹氩或者炉中吹氩的操作技术发展很快，这是提高优质钢质量、减少合金烧损的有效方法之一。

2.3 氧化剂

2.3.1 矿石

矿石的主要成分为 Fe_2O_3（赤铁矿）和 Fe_3O_4（磁铁矿）。在炼钢过程中主要用于氧化期脱碳、去磷、去气、去夹杂。矿粉是发热剂中的供氧材料之一。

电弧炉用矿石化学成分如下：

$w(Fe) \geqslant 55\%$，$w(SiO_2) \leqslant 8\%$，$w(S) \leqslant 0.1\%$，$w(P) \leqslant 0.1\%$，$w(H_2O) \leqslant 0.5\%$。

矿石块度应为40~100mm，使用前须在500℃以上的高温下烘烤2h以上。

2.3.2 氧化铁皮

氧化铁皮主要用来调整炉渣的化学成分，提高炉渣的FeO含量，降低炉渣的熔点，改善炉渣的流动性；在炉渣碱度合适的情况下，采用氧化铁皮能提高去磷效果。

氧化铁皮的成分如下：

$w(Fe) \geq 70\%$，$w(SiO_2) \leq 3\%$，$w(P) \leq 0.05\%$，$w(H_2O) \leq 0.5\%$。

氧化铁皮大多来自轧钢和锻钢车间，黏附的油污和水分较多，使用前应去除垃圾等物，并在500℃以上的高温下烘烤4h以上。

2.3.3 氧气

近年来在电弧炉炼钢中，氧气的用量不断增加。采用吹氧炼钢是强化冶炼的重要手段之一，吹氧操作能使熔池沸腾激烈，钢液温度升高，加速杂质氧化，缩短冶炼时间，降低消耗，延长炉龄，提高劳动生产率。

电弧炉炼钢用氧要求如下：

纯度不小于98%，标态下水分密度不大于$3g/m^3$。使用氧气时要注意安全，不用时应及时关上阀门，要经常检查氧气中的水分含量，特别是氧气站检修后更应注意。

2.4 还原剂和增碳剂

2.4.1 焦炭粉

焦炭粉主要用于钢液的增碳和脱氧，也作为浇铸完毕帽口内钢液的保温剂使用。

其成分为：$w(C) \geq 80\%$，w(灰粉)$\leq 15\%$，$w(S) \leq 0.1\%$，$w(H_2O) \leq 0.5\%$。

2.4.2 电石

电石的主要成分是碳化钙（CaC_2），是采用石灰和焦炭在1570℃以上的高温下炼成的。电石是暗灰色不规则的块状固体，在电弧炉冶炼还原期中，作为强还原剂使用，使还原期渣色稳定，炉渣活跃，能缩短还原期。电石极易受潮粉化，在保管时应注意防潮，使用时其块度应为10~70mm，且应随用随取。

2.4.3 碎电极块

碎电极块的成分是：含碳不小于95%，灰粉不大于2%，$w(S) \leq 0.10\%$，$w(H_2O) \leq 0.5\%$。碎电极块主要用来放在料斗中增碳，块度为50~100mm。

2.4.4 各类金属脱氧粉料

各类金属脱氧粉料包括：硅铁粉、铝粉、硅钙粉等，其化学成分见表2-2

(见书后插页)。

这些粉料的粒度均应小于0.5mm，使用前应在100~200℃的低温下烘烤4h以上，随用随取，防止受潮。

2.5 耐火材料

2.5.1 常用耐火材料的理化指标

常用耐火材料的理化指标有以下几种。

(1) 耐火度（℃）：耐火度是耐火材料抵抗高温作用而不熔化的性能。测定耐火度的方法是将一个三角锥形的耐火材料试样放在托盘上，加温，当试样在高温条件下软化、发生弯曲，直至锥尖触及托盘时，这一温度即为此种材料的耐火度。

(2) 热稳定性（次）：耐火材料承受温度急剧变化而不开裂、不损坏的能力，以及在使用中抵抗碎裂或破裂的能力，称为热稳定性。

(3) 抗渣性：耐火材料在高温下抵抗炉渣侵蚀的能力，称为抗渣性。

(4) 体积密度（g/cm^3）：耐火材料在110℃温度干燥后的质量与体积之比称为体积密度。

(5) 气孔率（%）：气孔率包括显气孔率和真气孔率两种。

1) 显气孔率：耐火材料与大气相通的孔隙（开口孔隙），其体积与总体积之比。

2) 真气孔率：耐火材料中全部孔隙的体积（包括开口和闭口孔隙的体积）与总体积之比。

(6) 吸水率（%）：耐火制品孔隙部分吸收水分的质量与经过110℃温度干燥后的质量之比，称为吸水率。

(7) 真密度（g/cm^3）：耐火制品及原料在110℃烘干后的质量与真体积之比；真体积是指试样总体积与试样中孔隙所占的体积之差。

(8) 荷重软化温度（℃）：高温时，每平方厘米耐火制品及原料在承受2kg静负荷情况下所引起的一定数量变形的温度。

(9) 透气度：在标准温度下，通过耐火制品的空气的数量称为透气度。

在1h内，压力差为1mmHg[1]时，空气通过面积为$1m^2$、厚为1m的试样

---

[1] $1mmH_2O = 9.80665Pa$。

的升数，称为透气度系数，用 K 表示。

(10) 常温耐压强度（kg/cm^2）：常温下每平方厘米耐火制品及原料承受负荷的能力。

(11) 重烧线收缩或线膨胀（%）：是指耐火制品加热到一定温度，并保温一段时间后，其长度的减少部分或增加部分与原来长度之比。

2.5.2 电弧炉炼钢对耐火材料性能的要求

电弧炉炼钢对耐火材料性能的要求如下：

(1) 电弧温度高达3000℃以上，炼钢温度常在1550~1650℃。在返回吹氧冶炼不锈钢时，吹氧末期钢液温度在短时间内高达1800℃以上，因此要求耐火材料应有足够高的耐火度。

(2) 电弧炉熔炼是在高温负荷和经受钢水冲刷的恶劣条件下进行的，因此耐火材料必须有高的荷重软化温度。

(3) 电弧炉在熔炼时温度很高，而出钢后，开出炉体（或旋转炉盖）进料时，温度由原来的1600℃左右骤然下降到900℃以下，因此，要求耐火材料具有良好的热稳定性。

(4) 电弧炉熔炼是一个复杂多变的物理化学反应过程，因此电弧炉用耐火材料还应有良好的抗渣性（化学稳定性），以抵抗高温时不同性质、不同成分的炉渣和钢液以及炉气的化学侵蚀。

(5) 电弧炉用耐火材料因为经常要承受炉料的冲击，所以必须有高的耐压强度。

(6) 为了减少电弧炉的热损失，达到降低电耗的目的，所用耐火材料还必须有低的热导率和电导率。

2.5.3 耐火材料的分类

耐火材料根据其化学性质，大致可以分为以下四类。

(1) 酸性耐火材料：包括石英（硅石）、硅砖。

(2) 半酸性耐火材料：主要有半硅砖。

(3) 中性耐火材料：包括铬砖、黏土砖、高铝砖、黏土质耐火泥。

(4) 碱性耐火材料：包括镁质及镁铬质、镁铝质耐火砖，镁砂，镁质耐火泥，白云石及白云石砖等。

2.5.4 各种耐火材料的性能

2.5.4.1 镁砂

镁砂是砌筑碱性电弧炉炉衬的主要材料之一。电弧炉用的镁砂一般符合如下要求：

$w(MgO) \geqslant 87\%$，$w(SiO_2) \leqslant 4\%$，$w(CaO) \leqslant 5\%$，灼烧减量不大于 0.5%。

镁砂主要用来制砖，打结炉底、炉坡和炉墙；此外还用于补炉，其粒度为 0.5~10mm。

镁砂的耐火度可达2000℃以上；但其热稳定性较差，当温度发生骤变时易发生裂纹或破碎；电导率则随温度的升高而升高。就其成分来分析，如含 MgO 越高则品位越高，含 SiO_2 太高将会降低其耐火度，含 CaO 太高则易水解变成粉末状。

镁砂是由天然菱镁矿在1650℃温度下焙烧而成的：

$$MgCO_3 \xrightarrow{\text{加热}} MgO + CO_2$$

$MgCO_3$ 在650~700℃即发生分解，经过高温焙烧后可降低其吸水性和收缩性。

2.5.4.2 白云石

白云石也是砌筑碱性电弧炉炉衬的主要材料之一。它是由天然的碳酸化合物 $CaMg(CO_3)_2$ 经过加热以后得到的，它的成分一般为：

$w(CaO) = 52\% \sim 58\%$，$w(MgO) > 35\%$，$w(FeO + Al_2O_3) = 2\% \sim 3\%$，$w(SiO_2) = 0.8\%$。

白云石主要用来制砖，砌筑渣线以上的炉墙，也广泛用于补炉。就其成分而言，要求含 MgO 高些，其他成分低些。

白云石耐火度可达1950℃，而且热稳定性比镁砂好，但白云石焙烧后，易吸水粉化。

为了防止吸水粉化，白云石砖在制好后应及时使用。

2.5.4.3 石英砂

石英砂是砌筑酸性电弧炉炉衬的主要材料之一。纯的石英砂为水晶透明体；含有少量杂质的石英砂为白色；若所含杂质增多，则颜色呈灰暗色。目前使用的石英砂大都是白色的，其化学成分（质量分数）为：SiO_2 96%~97%，FeO 1%，Al_2O_3 1.3%。

石英砂主要用来修砌酸性电弧炉的炉底和炉坡，也用来作为钢包的陶塞杆、中注管和汤道砖填料。石英砂的粒度一般不大于3mm。

2.5.4.4 耐火混凝土

耐火混凝土是一种新型的耐火材料，已在电弧炉炼钢中逐步采用。它和耐火砖相比，具有制作工艺简单、使用方便、寿命高、成本低，以及适于机械化制作、形状复杂的制品等优点。

根据所用胶结剂的不同，耐火混凝土可分为：硅酸盐耐火混凝土、水玻璃耐火混凝土、铝酸盐耐火混凝土、磷酸盐耐火混凝土和镁质耐火混凝土等。

目前在电弧炉炼钢范围内，较常使用的是由磷酸或磷酸铝溶液配合，矾土熟料和高铝砖组成的磷酸盐混凝土，其耐火度可达1800℃，高温耐压强度（在1200~1300℃时）达50~130kg/cm^2。耐火混凝土主要用于砌筑保温帽、出钢槽和炉盖。

2.5.4.5 各种耐火砖

各种耐火砖的性能见表2-5。

2.5.4.6 耐火泥

耐火泥有黏土质、硅质、高铝质和镁质等几类。

耐火泥的主要化学成分和理化指标与相应的耐火砖基本相同，主要作为相应的耐火砖凝结剂、填料和涂料，使用于炉盖、钢包、流钢砖、中注管及保温帽等方面。

2.5.5 绝热材料和黏结剂

2.5.5.1 石棉板和硅藻土粉

石棉板和硅藻土粉的理化性能见表2-6。

表 2-5 各种耐火砖的性能

名称	主要化学成分（质量分数）/%	耐火度/℃	在 kg/cm^2 下荷重软化温度/℃	显气孔率/%	常温耐压强度/MPa	体积密度/g·cm^{-3}	重烧线收缩		导热系数/W·(m·K)$^{-1}$	使用范围
							温度/℃	收缩/%		
硅砖	SiO_2 93~94.5	1690~1710	1620~1650	16~25	17.5~50	1.9			$\frac{0.9+0.8t}{1000}\times1.16$	用于酸性电弧炉炉盖和炉衬
黏土砖	SiO_2 60 Al_2O_3 30~40	1610~1730	1250~1400	18~28	12.5~25.5	2.1~2.2	1350	0.5	$\frac{0.6+0.55t}{1000}\times1.16$	用于钢包的内衬，炉壳的保险砖和流钢砖
高铝砖	Al_2O_3 48~75	1750~1790	1400~1530	18~23	25~60	2.3~2.75	1500	0.5	$\frac{1.8+1.6t}{1000}\times1.16$	用于钢包砖、流钢砖、中注管砖和碱性电弧炉炉盖砖（炉盖砖必须高标准）
镁砖	MgO 82~87	2000	1500	20	40	2.6			$\frac{3.7-0.6t}{1000}\times1.16$	用于炉底和炉坡
稳定白云石砖	SiO_2 9.9~14.22 CaO 30.4~40.2 MgO 35.62~45.85	1950	1710	7.8	192	2.96	1650	1.0	2.8×1.16	适宜做炉墙
镁铬砖	MgO 48~55 Cr_2O_3 8~12	1850	1420~1520	23~25	15~20	2.8			1.7×1.16	宜做炉盖
铝镁砖	MgO 80 Al_2O_3 5~10		1250~1580	19~21	25~35	3.0				用于炉盖

表 2-6 石棉板和硅藻土粉的理化性能

名称	主要组成	体积密度/g·cm^{-3}	允许工作温度/℃	导热系数/W·(m·K)$^{-1}$
石棉板	镁、硅、钙化合物	0.9~1.0	500	$(0.14\sim0.15)\times10^{-3}t_p\times1.16$
硅藻土粉	SiO_2 为主	0.55	900	$(0.08+0.21\times10^{-3}t_p)\times1.16$

注：t_p 为平均温度。

石棉板主要用来作为炉衬和钢包的绝热层；硅藻土粉主要用来作为炉底的绝热层。

2.5.5.2 沥青

沥青是焦油分离后的残留物，为黑色固体，有高温沥青和中温沥青之分，电弧炉炉衬一般多用中温沥青。中温沥青的软化点为75~90℃，含游离碳18%~28%、灰分0.3%~0.5%、挥发物55%~75%、水分小于5%。沥青在使用前需作脱水处理，使水分含量不大于0.50%，主要用来作为打结炉底、炉坡、制砖时的黏结剂。沥青在200℃以上即碳化，挥发物去掉后留下的固定碳在炉衬中起骨架作用。沥青的质量以游离碳含量高，挥发物和水分少为好。

2.5.5.3 焦油

焦油是炼焦时的副产品，为黑色黏稠液体，其密度为1.12~1.22g/cm^3，含灰分小于0.15%、游离碳6%~10%、挥发物77%~89%、水分4%。焦油在使用前需作脱水处理，使水分含量不大于5%。焦油主要用来作为打结炉衬和制作焦油沥青镁砂砖（或焦油沥青白云石砖）的黏结剂，也作为钢锭模的涂料使用（使用时需掺苯）。

2.5.5.4 卤水

卤水的主要成分为 $MgCl_2$。它通常以固态供应，使用前需加热并掺水溶化。卤水在使用时，密度不小于1.3g/cm^3（即含 $MgCl_2$ 不小于2.15g/mL）。它主要用于拌耐火泥料，以及在打结无碳炉底时作镁砂的黏结剂用。

2.5.5.5 水玻璃

水玻璃又称为硅酸钠（$Na_2O\cdot nSiO_2$）或泡花碱，一般含有（质量分数）SiO_2 71%~76%、Na_2O 8%~14%。它具有很强的黏性，主要用来拌耐火泥或在打结酸性炉底时作为石英砂的黏结剂。另外，固体水玻璃粉又是固体保护渣的材料之一。

3　直流电弧炉——熔化（氧化）低温脱磷操作

3.1　熔化期的操作

3.1.1　吹氧

吹氧应在红热状态下（≥900℃）进行，开始吹氧时氧气的压力不宜过大，在4～6atm[1]。压力开得过大，氧气的利用率低，而且容易造成喷溅事故。

吹氧时要防止吹坏炉墙，特别是炉门口的两侧更要注意。

吹氧助熔时，氧气管应插入钢-渣的界面，或用氧气切割炉料，使料块落入熔池，帮助炉料快速熔化。

炼钢工应根据炉料在炉内的布放位置、炉膛内各部位炉料熔化的基本情况、冶炼的钢种、废钢的类型、炉体的好坏、氧气压力的大小等因素，调整吹氧角度，确保炉料熔清后钢液的化学成分符合要求。

吹氧助熔时，要防止炉料“搭桥”而引起严重的塌料，造成断电极以及钢水和火焰大量喷出，甚至发生设备及人身事故。

3.1.2　造渣

熔化期的造渣操作很重要，造好熔化渣对稳定电弧、加速钢液的升温、减少钢液的吸气和钢液的早期去磷都有很大的关系。

3.1.2.1　*炉底加石灰*

熔化期由于炉料中混入的泥沙、铁锈、耐火砖的熔化以及废钢中硅、锰、铝、磷、铁等元素的氧化，在炉内熔池的表面形成了熔渣；但这种熔渣的碱度很低。为了达到熔化期早期去磷的目的，必须确保熔化渣的碱度，所

---

[1] 1atm＝101325Pa。

以进料前要在炉底上铺加一定数量的石灰，其用量可作如下估算：

$$Si + O_2 \longequal SiO_2$$

根据上式可知，料重0.1%的硅氧化后将生成料重0.215%的SiO_2。为了使炉渣的碱度达到2.5，即$\frac{w(CaO)}{w(SiO_2)}=2.5$，则石灰的加入量计算如下（假设石灰中的CaO含量为90%）：

$$石灰加入量 = \frac{2.5 \times 0.215\%}{90\%} = 0.6\%$$

一般由炉料中带入的硅量为料重的0.3%~0.4%，熔化完毕残余的硅仅为0.02%~0.05%，即熔化过程中硅的实际烧损为0.25%~0.38%，这样石灰的加入量应变为：

$$0.25 \times 0.6\% \sim 0.38 \times 0.6\% = 0.150\% \sim 0.228\%$$

另外，考虑到其他元素的烧损和泥沙等物对渣子碱度的影响，一般可将炉底加入的石灰量定为料重的2%~3%，即每吨钢加石灰20~30kg。

在实际操作中，当炉料熔清后，还要根据当时炉渣的情况决定补加石灰，进行流渣操作或再造新渣。

3.1.2.2 流渣或换渣操作

由于在熔化过程中向炉内吹入大量的氧气，加了不少的氧化铁皮或小块矿石，使熔化渣中的FeO含量很高，同时炉底石灰熔化后保证了炉渣中的CaO含量，而且又处于低温状态，所以去磷条件良好，使初期形成的熔化渣中吸收了大量的磷，这时即可进行流渣操作。如在原始磷含量较高或炉渣碱度不高的情况下，最好采取换渣操作，重新造渣，这样对去磷、去气、去夹杂的好处更大。

在熔化期，炉内需保持料重2%~4%的渣量，并使炉渣具有良好的流动性。在一般情况下，可采用萤石、氧化铁皮来调整。

碱性电弧炉熔化末期炉渣的化学成分见表3-1。

表3-1　碱性电弧炉熔化末期炉渣的化学成分（质量分数，%）

CaO	SiO_2	FeO	P_2O_5	MnO	MgO
15~45	15~25	8~25	0.4~0.6	6~10	6~10

3.2 脱　　磷

磷在一般钢中属于有害元素之一。在钢锭中，由于磷的偏析，往往严重造成钢材质量的不均匀性；如果钢中的含磷量过高，便会发生“冷脆”现象，大大降低钢的力学性能，特别是冲击韧性。例如在铬镍钢中，当钢中的含磷量由 0.012%增高到 0.028%时，冲击韧性便由 150～190J/cm^2 下降到 80J/cm^2，如图 3-1 所示。

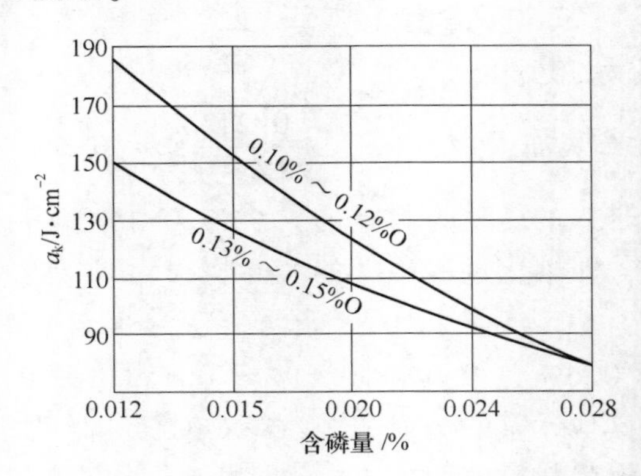

图 3-1 铬镍钢中的含磷量对冲击韧性的影响

所以，在炼钢过程中力求把钢中的磷降低到一定数量。根据相关标准规定：一般碳素结构钢磷含量应不大于 0.040%；滚珠轴承钢磷含量应不大于 0.027%。

3.2.1 脱磷反应

在炼钢过程中，脱磷反应之所以能够顺利地进行，主要还是由于钢液中磷的性质所决定。

磷在钢液中主要以 Fe_3P、P、Fe_3P 的形式存在。磷在钢液中能够无限地溶解，它的氧化物 P_2O_5 在钢中的溶解度却很小。因此，要去除钢中的磷，首先必须使磷氧化，并导致氧化后的产物进入炉渣。其反应过程可用下式表示：

$$2[P] + 5(FeO) = (P_2O_5) + 5[Fe]$$

$$+)\quad (P_2O_5) + 3(FeO) = (3FeO \cdot P_2O_5)$$

$$2[P] + 8(FeO) = (3FeO \cdot P_2O_5) + 5[Fe]$$

根据实验测定：磷能大大降低渣-钢的界面张力，使钢液和炉渣之间的润湿性良好，容易发生化学反应。同时，也有实验指出：当渣-钢界面增加 5～6 倍，脱磷反应的速度也增加 5～6 倍，可见脱磷反应是在渣-钢界面进行的。

磷氧化后的生成物 $3FeO \cdot P_2O_5$ 在 1200～1400℃时还是比较稳定的，当高于 1450℃时就显得不稳定了，容易发生分解，使磷回到钢液中去。为了达到去磷的目的，必须将 $3FeO \cdot P_2O_5$ 转换成比它稳定得多的 $4CaO \cdot P_2O_5$，在碱性电弧炉炼钢过程中，通过加入石灰可以达到这一目的。其反应式如下：

$$4(CaO) + (3FeO \cdot P_2O_5) = (4CaO \cdot P_2O_5) + 3(FeO)$$

P_2O_5 能分别与 CaO、FeO、MnO 等氧化物结合成 $4CaO \cdot P_2O_5$、$3FeO \cdot P_2O_5$ 和 $3MnO \cdot P_2O_5$，其中以 CaO 与 P_2O_5 结合成的化合物 $4CaO \cdot P_2O_5$ 最为稳定（当生成 $4CaO \cdot P_2O_5$ 时能放出 165000cal（689.7kJ）的热量，几乎为生成 $3MnO \cdot P_2O_5$ 时放出热量的一倍）。

综合以上情况，脱磷反应式可写成：

$$2[P] + 5(FeO) = (P_2O_5) + 5[Fe]$$

$$(P_2O_5) + 3(FeO) = (3FeO \cdot P_2O_5)$$

$$+)\quad (3FeO \cdot P_2O_5) + 4(CaO) = (4CaO \cdot P_2O_5) + 3(FeO)$$

$$2[P] + 5(FeO) + 4(CaO) = (4CaO \cdot P_2O_5) + 5[Fe]$$

3.2.2 影响脱磷反应的因素

影响脱磷反应的因素是多方面的，而且是错综复杂的。因此，下面对影响脱磷反应的因素逐个地进行分析。

3.2.2.1 炉渣成分对脱磷的影响

A 炉渣的碱度和 FeO 对脱磷的影响

从前面的脱磷反应式可以看出，提高渣中的 CaO 和 FeO 含量都有利于脱磷反应的进行。

如果渣中没有 FeO 或者 FeO 的含量很低，那么钢水中的磷就不能被氧化，即使渣子的碱度很高，最终也不能使磷转变成磷酸盐（磷酸钙）而进入渣中，这时磷的分配系数 $L_P \approx 0$ $\left(L_P = \dfrac{w(P_2O_5)}{[P]^2}\right.$，能够表示脱磷的程度$\left.\right)$。例如在还原期，炉渣的碱度高达 3.0～3.5，但由于渣中 FeO 含量过低，没有脱磷效果，因此反而将炉渣中的 P_2O_5 还原，使磷转入钢中；相反，如果炉渣中含有一定数量的 FeO，但没有 CaO 存在，不能生成比较稳定的磷酸盐，脱磷效果也是很差的。由此可见，炉渣中的 FeO 和 CaO 对脱磷的影响是互相联系的，其中 FeO 必不可少，而 CaO 则是为了保证脱磷反应的顺利完成。

为了达到较好的脱磷效果，在温度和其他条件相同的情况下，渣中 FeO 和 CaO 应有一个合适的比值。图 3-2 是由实验室测定的磷的分配系数 L_P 与碱度 R 和渣中 FeO 含量之间的关系。

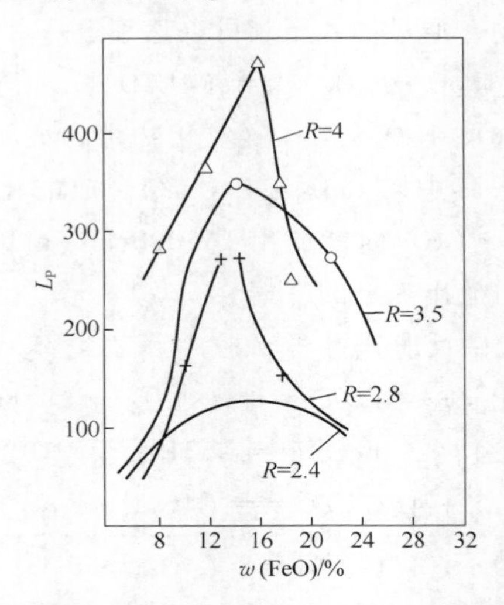

图 3-2 磷的分配系数 L_P 与碱度 R 和渣中 FeO 含量之间的关系

由图 3-2 可以看出，当炉渣碱度 $R=4$，$w(FeO)=16\%$时，磷的分配系数 L_P 达最高值；但在实际生产中与实验室的情况不同，当 $R=4$ 时，由于炉渣熔点太高，流动性太差，反而会影响脱磷反应的进行。因此，在生产中一般控制 $R=2.5\sim3$，$w(FeO)=16\%\sim20\%$，这样能达到较好的脱磷效果。

B 渣中 MgO 和 MnO 对脱磷的影响

MgO 是强碱性氧化物，能够提高炉渣的碱度，这是有利于脱磷反应的；但是由于 MgO 的熔点很高，渣中 MgO 含量的增加会大大提高炉渣的黏度，不利于渣-钢界面之间脱磷反应的进行，反而会使脱磷产生困难。因此，在操作中如果发现有镁砂浮起，应用萤石调整炉渣的流动性，或扒除镁砂渣，重新造渣脱磷。

渣中 MnO 的脱磷能力低于 CaO，如含量太高，就会相对地降低渣中自由 CaO 的含量，不利于脱磷反应的进行。

C 渣中 SiO_2 和 Al_2O_3 对脱磷的影响

对碱性渣来说，渣中的 SiO_2 和 Al_2O_3 都是呈酸性的，它们能和 CaO 生成硅酸盐（$2CaO \cdot SiO_2$）和铝酸钙（$CaO \cdot Al_2O_3$），从而消耗了渣中的 CaO，降低了渣中自由 CaO 的含量，也就降低了炉渣的碱度。所以，渣中 SiO_2 和

Al_2O_3 的大量存在是不利于脱磷反应进行的。通常，当渣中的 SiO_2 含量大于 30%时，就不能脱磷，甚至会发生下列反应，从而有可能产生回磷现象。

$$2(SiO_2)+(4CaO\cdot P_2O_5)=2(2CaO\cdot SiO_2)+(P_2O_5)$$

在实际操作中，往往会出现熔清后渣中 SiO_2 含量过高、碱度较低、脱磷困难的情况，对炉体的侵蚀也比较严重，这时需扒除全部或部分炉渣，补加渣料，才能使脱磷反应得到顺利进行。这种情况一般多在炉料中夹带大量耐火砖或炉料中配硅过高时才会发现。

3.2.2.2 钢中各元素对脱磷的影响

（1）硅和锰：硅和锰比磷更易氧化，如果钢液中硅和锰的含量过高，钢液中的含氧量就低，渣中的 FeO 含量就少，同时硅和锰的氧化产物进入渣层降低了炉渣的碱度，势必阻碍脱磷反应的进行。因此，当钢液中硅、锰含量过高时，可适当吹氧和加小铁矿，并结合流渣操作，使钢液中的硅、锰充分氧化，然后补加新渣料，造好高碱度、高氧化性的炉渣，促使脱磷反应顺利地进行。

（2）碳：根据碳-氧平衡规律，高碳的钢液由于含氧量低，所以渣中与钢液中的氧成平衡的 FeO 含量也低；而低碳钢液的情况却相反，渣中的 FeO 含量较高。因此在熔炼高碳钢时，为了保证渣中的 FeO 含量，应适当增加氧化铁皮和小块铁矿石的用量。

（3）铬：铬氧化后生成的 Cr_2O_3，使炉渣的流动性变坏，阻碍了脱磷反应的进行。因此，当炉渣中 Cr_2O_3 过高时，应采取换渣操作。另外，当炉料中含有大量的铬，例如在采用返回法冶炼高铬钢时，就根本不能脱磷，相反还会因炉衬、造渣材料及铁合金中带入的磷，使还原期钢液中的磷含量增加。

3.2.2.3 温度对脱磷的影响

脱磷反应是在钢-渣界面上进行的一个放热反应，所以高温是不利于脱磷反应进行的。实验指出，当钢液温度升高 50℃，L_P 值可下降 50%左右。

从图 3-3 可以看出，当温度升高后，必须相应提高其炉渣碱度和 FeO 含量，才能使 L_P 的值保持为 100。但从另一方面分析，提高了钢液和炉渣的温度，能改善钢液和炉渣的流动性，也有利于促使钢-渣界面脱磷反应的进行。

在实际生产中，我们必须了解温度对脱磷反应影响的二重性，掌握其矛

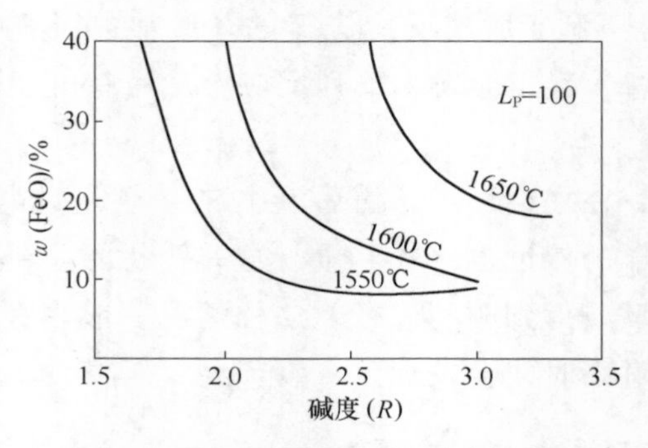

图 3-3 温度对脱磷的影响

盾变化的情况，有时候不要求温度高，有时候却需要温度高一些，从而获得良好的脱磷效果。例如在熔化期，钢液和炉渣的温度较低，脱磷反应按理是十分有利的；但当炉渣的流动性过分差时，如上所述，脱磷反应不易进行，此时如果适当地提高钢液和炉渣的温度，改善钢液和炉渣的流动性，反而会使脱磷容易进行。

3.2.2.4 渣量和流渣操作对脱磷的影响

渣量对钢中含磷量的影响如图 3-4 所示。

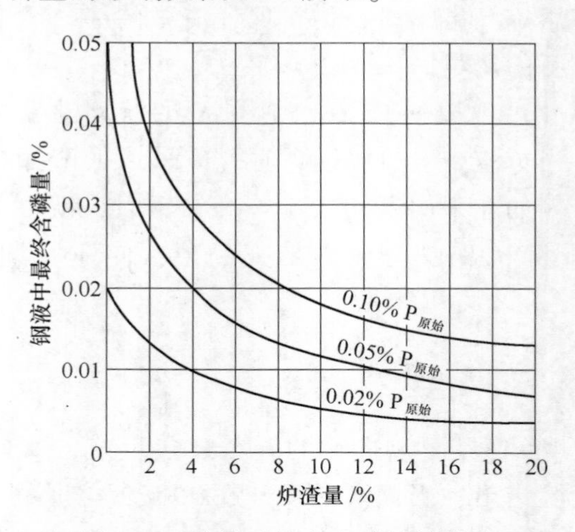

图 3-4 渣量对钢中含磷量的影响

从图 3-4 可以看出，炉料中的原始磷越高，则所需之渣量也越大。当由原始磷 0.10%脱到 0.02%时，需渣量 8%；而当由原始磷 0.05%脱到 0.02%时，所需的渣量仅为 4%。

从图 3-4 中还可看出，金属中残留含磷量随着渣量的增加而减少，但当渣量大到 12%以后，这种影响的趋势就不那么明显，曲线显得平坦了，这是由于渣量过大，渣层变厚，炉渣的流动性不好，因此脱磷反应变慢，去磷效果就差。试验指出，渣-钢界面增加一倍，去磷速度增加一倍；而渣量增大一倍，脱磷速度并没增加一倍，可见没必要使一次总渣量太大。

在脱磷过程中，采取流渣或换渣操作是十分重要的，这是因为磷在炉渣中，随着温度的升高，有回到钢液中去的可能，所以及时采用流渣操作或换渣操作，使含磷量较高的炉渣流到炉外，以防止钢液回磷。经过流渣或换渣操作后，需向炉内补加渣料再造新渣，使炉内的脱磷反应继续进行，从而不断降低钢液中的含磷量。

3.2.2.5 炉渣流动性对脱磷的影响

很明显，钢液中的磷是通过炉渣发生反应后去除的，无疑炉渣的流动性要好，才能促使反应的速度加快。因此，在炉渣碱度、温度和渣量等条件相同的情况下，如能提高炉渣的流动性，必然对脱磷有利。在冶炼中，可以采用加萤石、吹氧助熔、推渣、加氧化铁皮或小块铁矿石以及改变供电制度等措施来调整炉渣的流动性。

4 电弧炉炼钢脱氧方法及影响因素

4.1 脱氧方法

4.1.1 沉淀脱氧法

沉淀脱氧法的原理就是直接向钢液内加入脱氧元素或脱氧剂，根据它们的密度不同，使脱氧反应在钢液表面或熔池内的不同部位进行，从而生成该元素的脱氧产物，并使该脱氧产物从钢液中排出，以达到脱氧的目的。其反应过程可用下列化学反应式表示：

$$2[Al] + 3[O] = (Al_2O_3)$$

$$[Mn] + [O] = (MnO)$$

$$[Si] + 2[O] = (SiO_2)$$

根据以上的一系列化学反应式，可以列出一则通式：

$$x[Me] + y[O] = (Me_xO_y)$$

式中 [Me] ——任何一种脱氧元素；

(Me_xO_y) ——某元素的纯氧化物。

这种脱氧方法是钢液中的氧和脱氧元素直接发生化学反应的过程，因此具有脱氧反应速度快的优点；但其脱氧产物在炼钢温度下往往是固态和液态的颗粒，这些颗粒一旦不能上浮，就将成为钢中的非金属夹杂物。

(1) 预脱氧：一般在扒完氧化渣后，向炉内加入铝块、硅钙合金、硅锰铁以及锰铁等。根据不同的钢种和不同的质量要求，确定各脱氧剂的用量。

(2) 终脱氧：终脱氧实质上也是沉淀脱氧，就是在出钢前几分钟用强的脱氧剂插入钢液进行最终脱氧。大多数钢种用铝，也有少部分钢种除了用铝之外再用硅钙合金和钛铁的。

用铝作终脱氧剂的作用：

1) 使成品钢中的含氧量降到最低限度。

2) 控制夹杂物的类形和尺寸。一般来说，在炼钢温度范围内，强脱氧剂能把弱脱氧剂所生成的氧化物部分或大部分还原出来，使夹杂物的性质发生变化，所以在复杂的夹杂物中，各种强脱氧剂的脱氧产物，占有较大的比重。例如：用铝脱氧可以把二氧化硅夹杂物中的硅置换出来，使铝和氧化合成 Al_2O_3。

3）控制钢的晶粒度，使能获得本质细晶粒的钢。钢中残余铝量，保持在 0.035%~0.16%，可以使钢的奥氏体本质晶粒度达到 5~8 级的要求。

4）通过晶粒变细，钢中氧含量降低，夹杂性质改变，最终使钢获得良好的力学性能，特别是提高冲击韧性 a_k 的数值。

但是钢中的铝并非越高越好，因为过量的用铝会使钢水黏度增加，二次氧化加剧，浇铸时翻皮严重，反而会影响钢的表面和内在质量。

工业纯铁用铝量则更大，因为钢中氧含量高，同时铝含量对钢的电磁性能也有影响。某厂各钢种终脱氧用铝量见表 4-1。

表 4-1 某厂各钢种终脱氧用铝量

钢种	10~20 号	25~60 号	60 号以上	碳素工具钢	合金工具钢	弹簧钢
吨钢用铝量/kg	0.8	0.5	0.3	0.3	0.3	0.2

钢种	白渣法 滚珠轴承钢	氧化性 滚珠轴承钢	DT8	DT4	不锈钢 （不含 Ti）
吨钢用铝量/kg	1.0 GCr15SiMn 1.5	0.8	3.5	12	1.0

4.1.2 扩散脱氧法

扩散脱氧的理论依据是：在一定温度下，钢液和炉渣中氧的浓度比是一个常数，即：

$$L_O = \frac{\sum w(\mathrm{FeO})}{w[\mathrm{O}]} = 常数$$

式中 L_O——氧的分配系数。

当向渣面上加入脱氧剂时，渣中氧化铁含量随之减少，从而使钢液中的氧逐步地扩散到炉渣中，使炉渣中的氧和钢液中的氧的浓度比值继续保持常数关系。当向渣面上重新加入新的脱氧剂时，炉渣中的氧化铁和其他某些氧化物再次受到还原。钢液中的氧又继续向炉渣中扩散。经过多次加入脱氧剂进行还原，最终使钢中的氧含量降到一定的数值，扩散脱氧是电弧炉炼钢所特有的脱氧方法。

常用的扩散脱氧剂为炭粉、硅铁粉、铝粉等。脱氧剂加入渣面后即发生下列化学反应：

$$(FeO) + C = [Fe] + CO\uparrow$$

$$2(FeO) + [Si] = 2[Fe] + (SiO_2)$$

$$3(FeO) + 2Al = 3[Fe] + (Al_2O_3)$$

从以上反应式可以看出，扩散脱氧的脱氧产物分别进入炉气或被炉渣吸收，因此不会沾污钢液。由于脱氧反应是在钢液和炉渣的界面上进行的，因此氧从钢液向炉渣扩散的速度是缓慢的。为了达到一定的脱氧效果，脱氧的时间就比较长，一般在炉渣脱氧条件良好的情况下，需保持30min以上。

扩散脱氧的操作类型：根据造渣材料和脱氧剂的不同，扩散脱氧的操作形式可分为白渣法、弱电石渣法和电石渣法三种，见表4-2。

表4-2 几种扩散脱氧的操作类型

渣别	造渣材料	脱氧剂	适用钢种	主要特点
白渣	石灰、萤石、硅石	炭粉、硅铁粉、硅钙粉、铝粉、电石（少量或不用）	低碳钢、中碳钢	还原期增碳量不大，脱氧能力一般，操作方便，使用广泛
弱电石渣	石灰、萤石、硅石	炭粉、硅铁粉、硅钙粉、铝粉、电石少量	中碳钢	还原期增碳量较大，脱氧较好，操作也方便
电石渣	石灰、萤石、硅石	炭粉、电石（用量较多）	高碳钢	还原期增碳量大，电耗大，还原时间长，炉衬寿命短，脱氧能力强，操作方面较白渣和弱电石渣难掌握，灰渣出钢易引起钢中夹渣

下面介绍白渣法和电石渣法扩散脱氧的主要操作过程。

4.1.2.1 白渣法

（1）主要化学反应式如下：

$$(FeO) + C = [Fe] + CO\uparrow$$

$$+)\quad 2(FeO) + Si = 2[Fe] + (SiO_2)$$

$$\overline{3(FeO) + C + Si = 3[Fe] + CO\uparrow + (SiO_2)}$$

（2）操作过程：薄渣形成后，加入少量的电石和吨钢1.0~1.5kg的炭粉，扩散还原10min，一般用中级电压，电流的大小根据氧化末期温度情况来定。在此期间，渣中 FeO 含量由还原初期的 3%～5%迅速降到 1.0%～1.5%；钢水中的氧含量也随之下降，渣色呈黄白色或白色。但根据碳-氧平衡关系，要使钢中氧含量继续下降则比较困难，因此必须用硅铁粉、铝粉、硅钙粉等强脱氧剂继续进行还原，脱氧剂用量视各钢种而定。脱氧剂应分 2～3 批加入炉内，每批要有一定的间隔时间（一般要求不小于 7min），以保证脱氧反应的充分进行。为了保持炉渣的碱度、流动性和良好的还原气氛，应陆续向炉内补加少量的小块石灰和炭粉。经过 30min 左右的还原，炉渣中的 FeO 含量将降到 1.0%以下，渣子已变成白色。良好的白渣沾在铁棒上有 3～5mm 厚，呈泡沫状。由于渣子中的 $2CaO \cdot SiO_2$ 在 675℃时会发生晶体变化，使体积膨胀，因此白渣冷却后易粉化。还原期加入炉内的脱氧剂，一部分被炉气带走，一部分参与炉渣的脱氧，也有一部分穿过炉渣进入钢液，尤其是硅铁粉，在还原过程中易造成钢液的增硅，使用时应密切注意。

为了缩短还原期，各厂普遍在加第一批还原剂时，就将电石、炭粉、硅铁粉等同时加入炉内。一方面生成 CO，增强了炉内的还原气氛，减少了硅铁粉的烧损，充分发挥了硅的脱氧作用；另一方面对钢的质量有一定程度的提高。

（3）白渣的化学成分：白渣的化学成分见表 4-3。

表 4-3 白渣的化学成分 （质量分数,%）

CaO	SiO_2	MgO	CaF_2	FeO	MnO	CaC_2	CaS
55～65	15～20	5～10	5～10	≤1.0	≤0.5	≤1.0	1.0～1.5
*55.88	18.64	7.86	7.59	0.5	—	未分析	未分析

注：* 为某厂冶炼 45 号钢时的数据。

4.1.2.2 电石渣法（包括弱电石渣）

（1）主要化学反应式如下：

$$(CaO) + 3C = (CaC_2) + CO\uparrow$$

$$3(FeO) + (CaC_2) = 3[Fe] + (CaO) + 2CO\uparrow$$

$$3(MnO) + (CaC_2) = 3[Mn] + (CaO) + 2CO\uparrow$$

炭粉和石灰必须在电弧区的高温下才能形成电石（CaC_2）。电石具有极强的脱氧作用，为了缩短冶炼时间，目前各厂均采用直接向炉内加入电石（或加部分电石、部分炭粉）造电石渣的操作方法。

（2）操作过程：薄渣形成后，即向炉内加入电石或炭粉 2～4kg/t（弱电石渣炭粉用量应酌减），以及少量的小块石灰，然后采用中级电压和大电流供电。为了加速电石渣的形成，必须做好电极孔的密封工作。这样经过10~20min，炉门及电极孔处即冒出大量黑烟，这标志着电石渣已形成。形成的电石（CaC_2）能和渣中的FeO、MnO发生反应，甚至能将渣中的SiO_2还原，把硅置换出来，从而使钢液每小时增硅0.05%~0.15%，其反应式如下：

$$3(SiO_2) + 2(CaC_2) = 3[Si] + 2(CaO) + 4CO\uparrow$$

在电石渣下，钢液每小时增碳可达0.10%左右，所以冶炼低碳钢时不宜使用电石渣。电石渣在空气中冷却时能粉化，放在水里会放出乙炔（C_2H_2）气体，具有强烈的臭味，它的反应式如下：

$$CaC_2 + 2H_2O = C_2H_2 + Ca(OH)_2$$

强电石渣冷却后，从外表观察呈黑色，但无光泽，渣中夹有白色的条纹。弱电石渣冷却后，呈灰黑色，它们和氧化渣有明显的不同，因为氧化渣虽然也是黑色，但有金属光泽，放在水中没有臭味。

电石渣的操作要求很高，要恰当控制炭粉和电石的用量，掌握好温度制度，密封工作也很重要，如果操作不当往往造不成电石渣，或造成电石渣过强的情况。另外，供电制度也应很好控制，否则容易使钢液过热。电石渣还原时间较长，必须慎重选用，目前只是在冶炼一些要求比较高的高碳钢（如滚珠轴承钢）时才采用电石渣。

实际操作中应避免在电石渣下出钢，因为在电石渣下出钢，将导致钢液增碳严重，而且电石渣和钢液之间的润湿性好，势必给钢液和炉渣的分离造成困难，浇铸时极易引起钢锭夹渣。所以在出钢前必须破坏电石渣使其变成白渣，方可出钢。破坏电石渣的措施可采用打开炉门、补加石灰和萤石，或者扒去一部分渣，补加一部分石灰和萤石。这样，经过一段时间便可使电石渣变成白渣。

（3）电石渣的化学成分：电石渣的化学成分见表4-4。

表4-4 电石渣的化学成分 （质量分数，%）

CaO	SiO_2	MgO	FeO	Al_2O_3	CaF_2	CaS	CaC_2
55~65	10~15	8~10	<0.5	2.0~3.0	8~10	<1.5	强电石渣 2~4 弱电石渣 1~2

4.1.3 综合脱氧

沉淀脱氧和扩散脱氧都有各自的优缺点，为了充分发挥沉淀脱氧反应速度快和扩散脱氧脱氧产物不沾污钢液的优点，目前各厂在冶炼大部分钢种时都将两种脱氧方法结合起来使用，即所谓综合脱氧，它不仅缩短了脱氧还原时间，而且提高了钢的质量。

综合脱氧的操作过程是：在扒除氧化渣后，向炉内插入铝块或加入硅钙合金、锰铁、硅锰铁，接着再加入稀薄渣料，待渣化匀后，进行扩散脱氧。在长时间的扩散脱氧中，使沉淀脱氧的脱氧产物得到上浮的良好机会。

4.2　影响脱氧的因素

4.2.1　炉渣成分对脱氧的影响

（1）渣中 FeO 的影响：根据 $L_O = \frac{\sum w(FeO)}{w[O]}$ 在一定温度下为常数的关系得知，渣中的 $\sum w(FeO)$ 值降低，钢中的氧含量也必随之降低。在炼钢温度下，平衡时的 L_O 值波动在 400～420。在扩散还原过程中，一般要求渣中的 FeO 含量小于 0.5%。按照 $L_O = 400$ 的范围，通过理论计算，钢中的氧含量为 0.00125%；在实际生产中，却远远不能达到这样的水平。因为在扩散还原过程中，钢中氧的扩散速度很慢，使钢-渣之间的反应未能达到平衡，所以在还原末期，钢中的实际氧含量要比通过理论计算与渣中 $\sum w(FeO)$ 平衡的氧含量高 2～5 倍。

（2）渣子碱度的影响：从图 4-1 可以看出，当炉渣碱度在 1.8～2.0 时，L_O 值最大；如碱度过大，则 L_O 值反而降低。这和实际操作中的情况也是一致的，即当炉渣的碱度过大时，流动性显著变差，脱氧反应速度降低，脱氧效果反而不好。图 4-1 中的曲线是在理想的平衡状态下绘制的，实际生产中为了保持炉渣的良好流动性，往往加入较多的萤石，所以炉渣的碱度一般多控制在 2.5～3.0。

（3）渣中 CaF_2 和 CaC_2 含量的影响：增加还原渣中 CaF_2 和 CaC_2 的成分，能提高炉渣的流动性，使炉渣和钢液之间的界面张力减小，即炉渣和钢液之间有良好的润湿性，从而有利于脱氧反应的进行。但应当注意，过多使用 CaF_2 对炉衬寿命有一定的影响。

4.2.2　时间对脱氧的影响

扩散还原时间与钢中氧含量的关系如图 4-2 所示。

扩散脱氧是一个缓慢的过程，为了使钢液得到充分的脱氧，必须要有足够的扩散脱氧时间。但在生产实践中证明，过分延长扩散脱氧时间，脱氧效果并不理想。从图 4-2 也可看出，渣中 FeO 的还原速度和扩散还原时间并非

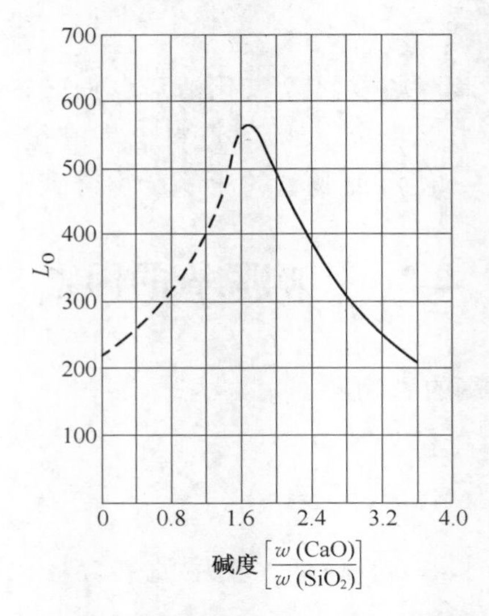

图 4-1 1600℃时炉渣碱度和 L_O 的关系

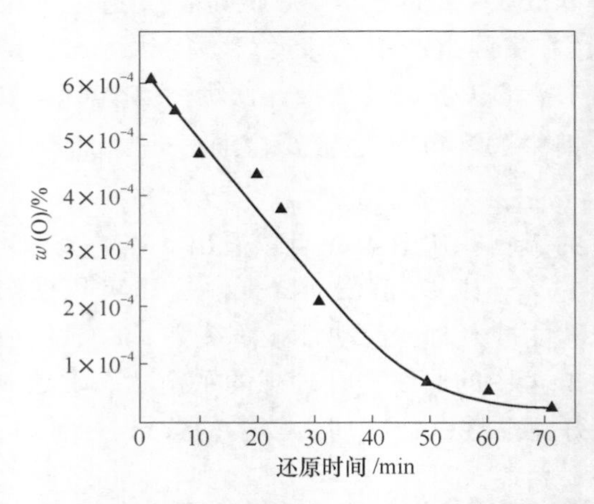

图 4-2 扩散还原时间与钢中氧含量的关系

成直线关系，在开始还原的 30~40min 内，渣中 FeO 含量下降很快，以后渣中 FeO 的还原速度降低了，因此用过长的时间进行扩散还原，显然没有必要。另处，长时间的扩散还原降低了电弧炉的生产力，并使炉衬侵蚀严重，增加了钢中的夹杂物。某厂对 2Cr13 钢的孔洞处进行电子探针扫描检验，发现有 MgO 夹杂，就是由于炉衬侵蚀而造成的。

4.2.3 温度对脱氧的影响

从图 4-3 各元素在不同温度下的脱氧能力比较可以看出，除了碳元素以外，其他元素随着反应温度的提高，其脱氧能力反而下降。

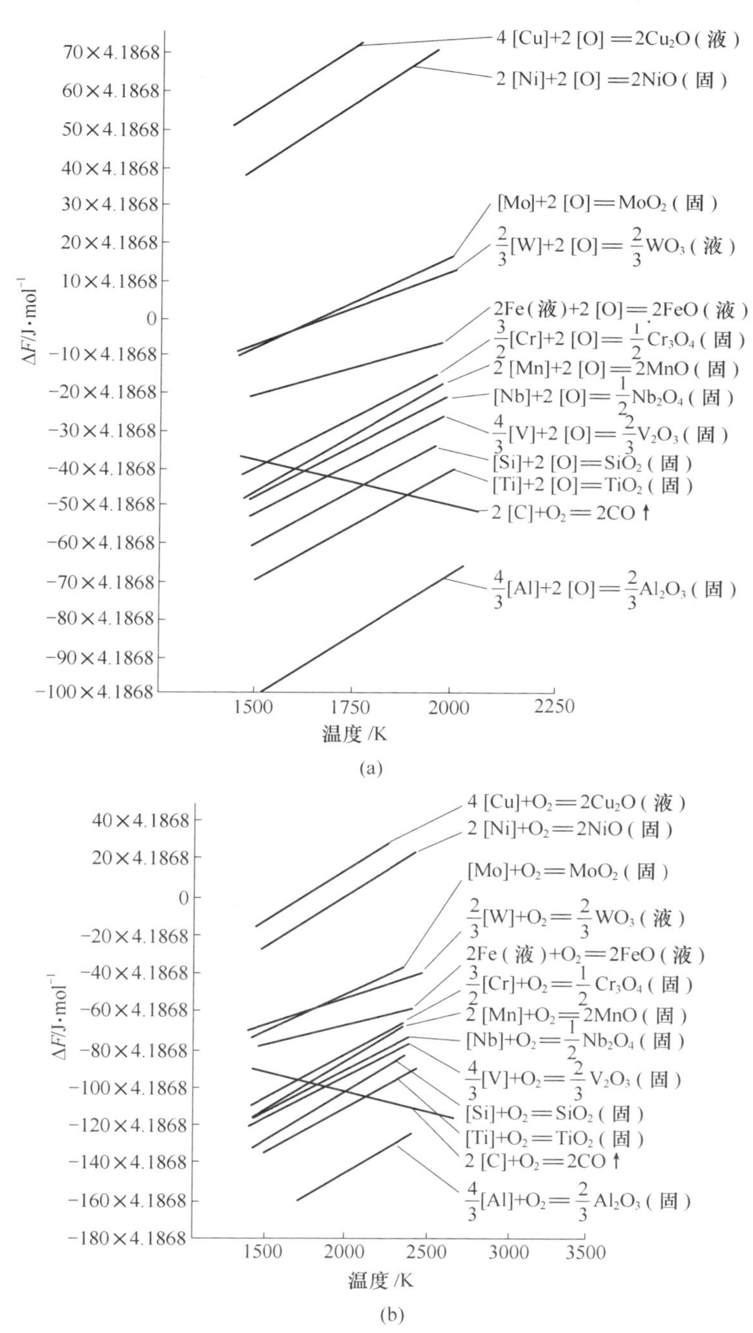

图 4-3 各元素在不同温度下的脱氧能力比较

(a) 间接氧化；(b) 直接氧化

4.2.4 搅拌和出钢混冲对脱氧的影响

在还原期对熔池加强搅拌，促使渣-钢反应面的增加，有利于脱氧反应的进行。在实际操作中虽然整个还原期扩散脱氧延续了一段时间，也强调了搅拌工作，但在炉渣和钢液中氧的浓度并未达到平衡。经过分析，氧的分配系数约为100。而只有通过出钢混冲，使渣-钢反应面成万倍地增加，才能促使脱氧反应迅速和较彻底地完成。

关于影响脱氧反应的因素，除了上述各项以外，还有脱氧剂和脱氧制度的合理选择等。

5 钢包浇铸特点及退火工艺

5.1 钢包浇铸的特点

钢液在模内上升时，钢液面受到空气的氧化而形成了氧化膜，这对钢的内在质量和表面质量都带来一定的影响。为了减少或消除这种影响，浇铸时可以采取一些必要的保护措施；但是个别钢种都应根据它们的特点，从实际出发，来选择与之相适应的保护浇铸方法。

5.1.1 木框保护浇铸

浇铸时，木框在钢锭模内浮在钢液面上燃烧，产生 CO 还原性气氛，减少了钢液面的氧化。木框的外形尺寸应小于锭模内腔 20~60mm，要求能保证燃烧到帽口线以上。一般用轻质木材如杉、柳、杨等制作。木框在使用前需经烘烤，含水量应小于 0.5%。采用木框保护浇铸时，模壁涂焦油加苯或四氯化碳，其要求见表 5-1。

表 5-1 钢锭模及其涂料的温度要求

涂料	要求		
	油温/℃	模温/℃	备注
焦油：苯=1：1	60~80	90~110	要求涂得薄而均匀，而且不粘手
四氯化碳	室温	50~80	在浇钢前 3min 加入模内，钢的用量为 100mL/t

涂油不可太厚，否则会造成皮下气泡。适当涂油，能使浇铸时钢液面四周产生还原气氛而推动钢液，使模壁边的钢液有一亮圈，可以减少氧化膜粘在模壁上的机会。

在用木框保护浇铸时，钢液面仍会产生一些氧化反应，形成氧化膜，其反应过程可用以下反应式表示。

（1）钢液中易氧化的元素首先氧化，形成氧化膜，反应式如下：

$$2Fe + O_2 = 2FeO$$

$$3Si + 2O_3 = 3SiO_2$$

$$4Cr + 3O_2 = 2Cr_2O_3$$

$$2Mn + O_2 = 2MnO$$

$$Ti + O_2 = TiO_2$$

$$4Al + 3O_2 = 2Al_2O_3$$

（2）表面氧化膜翻入钢液内和碳发生反应：在通常的浇铸温度下（小于1500℃），只有 FeO、MnO、Cr_2O_3 才有可能和碳反应，SiO_2 与碳反应的温度要大于1550℃，而 TiO_2、Al_2O_3 的还原反应，其温度则更高，所以它们在温度小于1500℃时，不可能与碳发生反应。碳与 FeO、MnO、Cr_2O_3 的反应式如下：

$$FeO + C = Fe + CO\uparrow$$

$$MnO + C = Mn + CO\uparrow$$

$$Cr_2O_3 + 3C = 2Cr + 3CO\uparrow$$

木框保护浇铸时，表示钢液面上升的有关名词含义如下：

1）平稳上升，是指上升时钢液面处于平静状态；

2）薄膜上升，是指上升时钢液面带有一层薄的氧化膜；

3）亮面上升，是指上升时钢液面呈镜面状态；

4）花膜上升，是指上升时局部钢液面呈小斑点膜；

5）亮圈上升，是指上升时钢液靠近模壁处有10~20mm的亮圈；

6）全膜上升，是指上升时钢液全部结膜。

表5-2是木框保护浇铸时，不同钢种的钢液面上升情况。

表5-2 木框保护浇铸时，不同钢种的钢液面上升情况

种类	钢号	上升情况
碳素结构钢	10~85	亮面
碳素工具钢	T8~T13	亮面或小花膜
合金结构钢	铬镍钼钢、铬锰钛钢、铬镍钛钢、铬镍钼钒钢	花膜、亮圈或薄膜
合金工具钢	铬合金工具钢、铬钨合金工具钢	大花膜
高速工具钢	高速钢、模具钢	全膜
滚珠钢	GCr6~GCr15、GCr15SiMn	小花膜
不锈钢	铬不锈钢、铬镍不锈钢	全膜
弹簧钢	55~60Si2Mn、70Si3Mn、55~60SiMn	小花膜

5.1.2 石墨渣保护浇铸

5.1.2.1 石墨渣的材料组成

石墨渣
- 石墨粉（上海石墨粉含碳75%左右；柳毛石墨粉含碳30%左右）
- 固体渣
  - 固体水玻璃粉
  - 萤石粉
  - 苏打粉
  - 白泥

总的来说，在选择石墨渣配方时应考虑到以下几点，渣料熔点低，成渣快，铺散性好，密度小，不含氧化剂（对钢液没有氧化作用），对钢液不增碳或少增碳，不易吸水受潮变质，燃烧持久，不产生对人体有害的气体，不侵蚀模壁或粘模子，料源广泛，供应和制造方便，成本低廉。

经过多年的试验和生产实践证明，某厂采用表5-3的石墨渣配方成分使用效果较好。

表5-3 某厂采用的石墨渣配方

编号	成分（质量分数）/%				备 注
	柳毛石墨	固体水玻璃粉	萤石粉	小苏打	
1	100				钢锭模模壁不涂油
2	80		10	10	
3	70	10	20		

5.1.2.2 石墨渣的使用

石墨渣使用前先撒放在钢锭模底部。一般是在模底砖上放一张黄板纸，将石墨渣撒在黄板纸上，每吨钢的用量为3kg左右；有时可以在浇铸中途向模内追加少量石墨渣，以能覆盖钢液面为准。

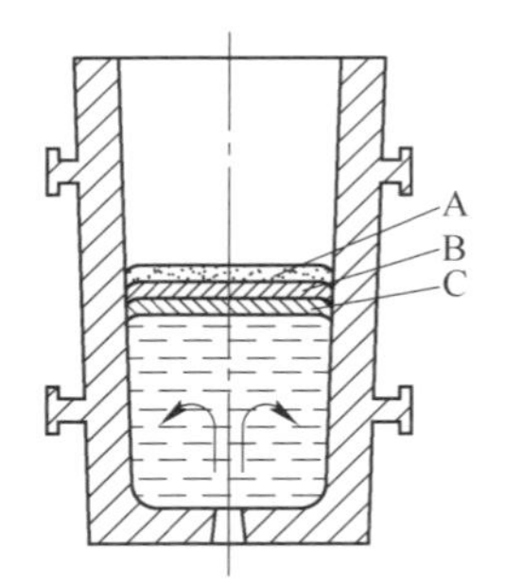

图5-1 浇铸时石墨渣在模内的情况
A层—固体石墨粉；
B层—半熔渣层；
C层—熔化的渣层

石墨渣和钢液接触后，将逐渐形成如图5-1所示的情况。

石墨渣内的固体水玻璃粉、萤石粉、小苏打和石墨粉内的某些酸性氧化物与钢水接触后即形成低熔点酸性渣。B层和C层是渣层，浮在钢液面上，A层是石墨粉，由于它的密度较小，因此浮在最上面。B 层和 C 层有保护钢液免受氧化、保温、捕集钢液中的二次氧化物和被钢液冲刷的流钢砖以及从帽口上掉下来的垃圾等作用。A 层中的石墨粉燃烧时能造成模内还原气氛，同时因能放出少量热量，所以对钢液有保温作用。此外，在钢液上升过程中，少量的石墨粉被推入模壁，能起润滑作用。

在采用石墨渣保护浇铸时，开浇要平稳，防止钢液因和石墨渣激烈搅动而造成增碳和沾污。当钢液在模内上升到约 100mm 高度时，石墨渣形成了部分渣层，颜色逐渐由暗变亮，渣面上有少量的蓝黄色火焰，渣面中心有红色的渣层。正常浇铸时，渣面应平稳上升，如模中产生沸腾，说明铸速太快；如渣面中心无红色渣层、火焰软弱无力，则说明铸速太慢，或铸温过低。浇钢工即可根据以上情况调节铸速。

5.1.2.3 石墨渣保护浇铸的优点

（1）钢锭的表面质量较木框保护浇铸时有所提高，内在质量也比较稳定。木框保护浇铸时经常出现的翻皮、冷溅、夹灰、皮下气泡等缺陷得到了消除，钢坯的一级品率提高了，研磨量和报废量相应地减少了，见表 5-4 和表 5-5。

表 5-4 木框和石墨渣保护浇铸的质量对比

钢种	保护浇铸方法	钢坯表面		钢坯裂纹	
		炉数/炉	研磨量/%	炉数/炉	报废量/%
GCr15	木框	16	59	24	0.40
	石墨渣	16	40	20	0.23

表 5-5 木框和石墨渣保护浇铸的钢锭表面质量对比

钢种	保护浇铸方法	钢锭支数/支	钢锭表面		
			一级品/%	二级品/%	三级品/%
碳素结构钢	木框	2700	85.9	8.8	5.3
	石墨渣	288	94.8	4.2	1.0

（2）采用石墨渣保护浇铸，锭模不涂油，简化了工序。同时，由于黑色石墨粉阻挡了钢液的大量辐射热，因此浇铸时工人的劳动条件也得到一定的改善。

(3) 大量节约木材。

(4) 石墨渣保护浇铸时，铸温、铸速的调节都比木框保护浇铸容易掌握。

5.1.3 液渣保护浇铸

液渣保护浇铸多数用在钢液很黏而浇铸温度又较高的钢种上，如不锈钢和含钛、含铝高的钢种。有的工厂在用上铸法生产锻造用的大型钢锭时，也采用这一方法。它是改善钢锭表面质量，消除冷溅、翻皮和皮下气泡等缺陷的有效措施。

浇铸时，液渣覆盖在模内的钢液面上，起保温、防氧化和黏附钢液中的二次氧化物以及被钢液冲刷掉下的流钢砖等杂质的作用。在钢液上升过程中，液渣浮在上面，得以首先粘在模壁上形成一层渣壳，钢液则在渣壳内上升而不与模壁接触。渣壳厚度为1~2mm，它与模温和液渣的性质有关。通常模温以90~120℃为宜，过高则形成的渣壳太薄，易冲焊模壁；过低易造成钢锭夹渣。一般在铸温、铸速配合良好的条件下，都能得到表面光滑的钢锭。

在下铸法浇铸过程中，先将液渣浇入中浇口（中注管），使流入模内。模内液渣高度控制在150~200mm为宜。液渣过多，浇铸过程中渣子上部易结壳。液渣过少，钢液会冲出渣面，在钢锭表面形成冷钢和翻皮。液渣浇入中注管后，应立即抓紧浇钢，否则会形成液渣结壳，使钢锭下部产生“细颈”或严重夹渣。铸速的合理控制，以渣面不翻动、液渣与模壁间有一圈流动性良好的亮圈为准。如模内产生沸腾情况，即说明铸速太快了，应迅速调整铸速。一般来说，碱性渣渣壳比酸性渣渣壳厚。上铸法浇铸大型钢锭时，锭模内液渣的高度在400mm左右，即可避免飞溅，达到较好的保护效果。

碱性渣有吸收钢液内夹杂的能力，主要是因为这种渣有较大的表面张力，而不易沾污钢液。在选择不同渣系时，要求液渣的流污。在浇铸时，预先将氩气充入模内（因为氩气的密度比空气大，所以能够排除模内空气），浇铸过程中应封住模口。氩气保护浇铸虽能改善钢锭的表面质量和内在质量，但由于来源少、成本贵，因此仅适用于质量要求高的不锈钢和高温、精密合金。

5.2 钢锭的退火

钢液注入钢锭模内，通过渐进结晶和选分结晶凝固成单晶体构造的固态钢锭。在每个晶体范围内，晶体大小、形状、相互排列情况，化学成分的均匀度和钢中的气体含量等，都对以后加工时各种钢材产品质量具有极大的影响；因为钢锭组织结构决定着钢的多种性能，对各种缺陷的产生有着密切的关系。

钢锭在结晶过程中所形成的奥氏体晶粒，其成分与原液相成分相差很大。钢锭中心积聚较多的低熔点元素，从而促成了不仅在晶体范围内，而且在整个钢锭中成分的不均匀性，并随着锭重的增加而增加。在散热条件变化的情况下，使整个锭体内温度梯度出现很大的差别，影响到金属的各层体积收缩不一致，特别是当铸温铸速过高时，对初生的锭壳体具有极大的静压力，尤以对径大的位置受力最多。因钢锭结晶的复杂性而产生了多方面的内应力，这种内应力将随钢种、锭型的不同而有所差异。当应力过分集中于某一区域时，就有可能破坏钢的连续性，即产生一般所谓的裂纹。钢锭退火的根本任务就是消除钢锭中的内应力，改善偏析状况和为钢锭表面剥皮创造软化条件。

5.2.1 钢锭的退火种类

退火就是将钢加热到临界点以上（A_{c3}或A_{c1}）或略低于临界点（A_{c1}）某一温度，经过升温、保温，然后缓慢冷却的一种操作工艺。

钢锭退火的目的：消除应力，细化组织，降低硬度和使成分均匀化。为表面处理和热加工等下道工序做好准备。

钢锭退火的种类：扩散退火、完全退火、不完全退火和低温退火等。

5.2.1.1 扩散退火

将钢加热到上临界点（A_{c3}或A_{cm}）以上较高温度（一般在1050~1250℃），经过较长时间充分保温，然后缓慢冷却的操作称为扩散退火，也叫均匀化退火。扩散退火的主要目的是改善或消除钢锭中化学元素的显微偏析，使成分均匀化，从而改善成品钢材的组织和性能。由于原子在高温下有大的活动能力，可以较快地扩散，所以扩散退火采用较高的温度。如滚珠轴承钢（GCr15等）为了消除碳化物液析，改善带状碳化物，有时就采用经1150~1200℃保温的扩散退火。因为扩散退火温度高、时间长、费用高，所以一般情况下不采用。

5.2.1.2 完全退火

将亚共析钢加热到A_{c3}以上20~40℃，保温一定时间，然后缓慢冷却的操作称为完全退火。由于完全退火能把钢原先的粗大晶粒转变为细小的奥氏体晶粒，并在随后缓慢冷却时转变为较细小而均匀的铁素体和珠光体组织，所以完全退火能细化钢的晶粒，消除内应力，降低钢的硬度。钢锭脱模后经过完全退火就可以防止变形和开裂，并便于清理表面缺陷（如剥皮等），合金结构钢钢锭多采用这一退火方法，过共析钢则不宜采用。

5.2.1.3 不完全退火

将钢加热到A_{c1}至A_{c3}或A_{c1}至A_{cm}之间，保温一定时间，然后缓慢冷却的操作称为不完全退火。它主要用于过共析钢。对过共析钢成品钢材来说，这一方法也叫球化退火。对钢锭来说，也能改善钢的组织，减少应力，降低硬度。亚共析钢钢锭为了减少内应力，降低硬度，也可采用不完全退火，由于它的温度比完全退火低，所以成本较低。

5.2.1.4 低温退火

将钢加热到略低于A_{c1}的温度，保温较长时间，然后缓冷或空冷的操作称为低温退火。一些马氏体类钢多采用这一退火方法。

对于某些铬镍钢、铬镍钨钢、铬镍钼钢，它们具有特殊形式的奥氏体等温转变曲线，例如18Cr2Ni4WA钢，其A_{c1}为700℃，A_{c3}为810℃，钢奥氏体化后，在冷却过程中没有奥氏体向珠光体转变的温度区间（500~700℃），其贝氏体转变区几乎和马氏体转变区相重合（马氏体转变温度为370~250℃），所以即使很缓慢的冷却，也会形成马氏体，对于这类钢要使其软化，合理的退火方法就是低温退火。18Cr2Ni4WA钢软化退火温度采用(660±10)℃，回火后的组织为索氏体。低温退火时，马氏体发生分解使钢锭软化，这种退火方法实质上属于高温回火。

钢锭退火的保温时间，可参考如下经验公式：

$$\tau = \frac{Q}{2} + 2$$

式中 τ——时间，h；

Q——钢锭最大对径，英寸[1]。

当钢锭的表面温度与炉温一致，达到工艺要求的温度后，开始进行保温，使钢锭整个截面上的温度分布均匀和组织转变完全。

---

[1] 1英寸=2.54cm。

5.2.2 钢锭的退火工艺

表 5-6 为某厂部分钢种钢锭的退火工艺。

表 5-6 某厂部分钢种钢锭的退火工艺（钢锭尺寸不大于 20 寸（508mm））

类别	钢种	退火工艺曲线	备 注
完全退火	45Cr 50Cr 50CrV	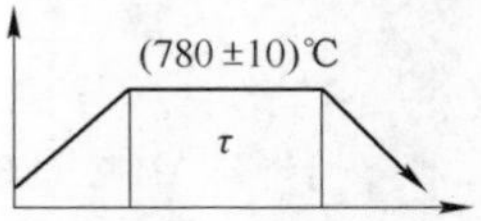 (780±10)℃ τ	（1）进炉时炉温：冷锭 300℃左右，热锭 600℃左右； （2）升温速度不大于 80℃/h，降温速度不大于 30℃/h； （3）降温至不高于 450℃出炉空冷； （4）退火钢锭脱模后应尽快进退火炉
	40CrNiMo 45CrNiMoV 30CrNi2MoV 12~37CrNi3 20Cr2Ni4 38CrMoAl	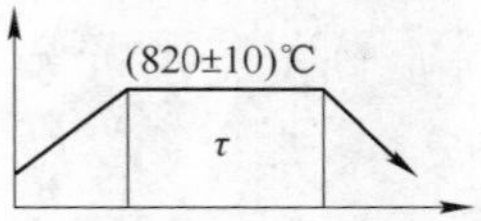 (820±10)℃ τ	
不完全退火	GCr15 GCr15SiMn 9CrSi CrWMn 9CrWMn 30CrMnSi	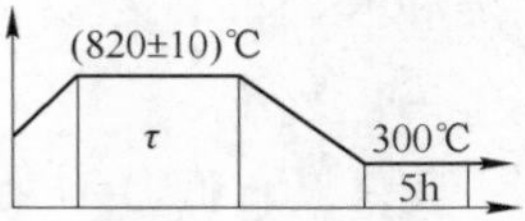 (820±10)℃ τ 300℃ 5h	（1）进炉温度同完全退火，钢锭脱模后应尽快进退火炉； （2）升温速度：冷装不大于 50℃/h，热装不大于 80℃/h； （3）降温速度不大于 30℃/h； （4）降温至 300℃保温 5h 后出炉
	1~4Cr13 9Cr18	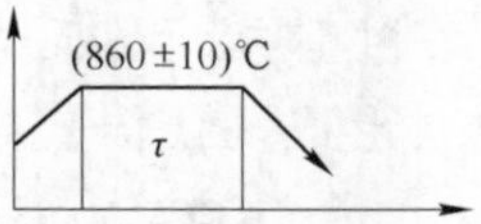 (860±10)℃ τ	（1）进炉时炉温：冷锭 300℃左右，热锭 600℃左右； （2）升温速度不大于 80℃/h，降温速度不大于 30℃/h； （3）降温至不高于 450℃出炉空冷； （4）退火钢锭脱模后应尽快进退火炉
低温退火	4Cr10Si2Mo 4Cr9Si2	图同上	（1）进炉时炉温：冷锭 300℃左右，热锭 600℃左右； （2）升温速度不大于 80℃/h，降温速度不大于 30℃/h； （3）降温至不高于 450℃出炉空冷； （4）退火钢锭脱模后应尽快进退火炉
莱氏体钢软化退火	W18Cr4V W6Mo5Cr4V2 Cr12 Cr12MoV	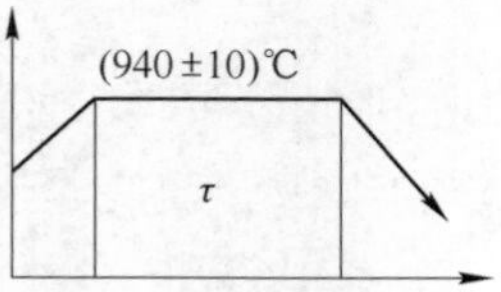 (940±10)℃ τ	（1）进炉时炉温：冷锭 300℃左右，热锭 600℃左右； （2）升温速度不大于 80℃/h，降温速度不大于 30℃/h； （3）降温至不高于 450℃出炉空冷； （4）退火钢锭脱模后应尽快进退火炉

5.3 钢包精炼中频加热炉

“钢包”能和任何炼钢设备配合，且能显著提高所炼钢的质量。目前大多数厂用来和电炉配合，使电炉在整个工艺中只起熔化炉料和脱磷的作用，钢液在氧化末期经过除渣即以氧化性气氛或少量硅、锰脱氧剂脱氧，而后倒入钢包中，然后将钢包固定在感应搅拌器上（见图5-2），进行真空脱气、真空吹氧脱碳、电弧加热、脱硫以及化学成分的调整等，最后将钢液铸成钢锭。

桶炉精炼设备简单，其形状和普通钢包相似，只有高度较普通钢包高出三分之一，以防止抽气时钢渣溢出。桶壳采用奥氏体不锈钢制成，上设水冷砂封槽。桶衬（见图5-3）以含40% Al_2O_3 的黏土砖作保险砖，含75% Al_2O_3 的高铝砖为工作层砖，渣线部位用镁砖修砌，如将镁砖在沥青中熬煮后再使用，则抗渣效果更好。

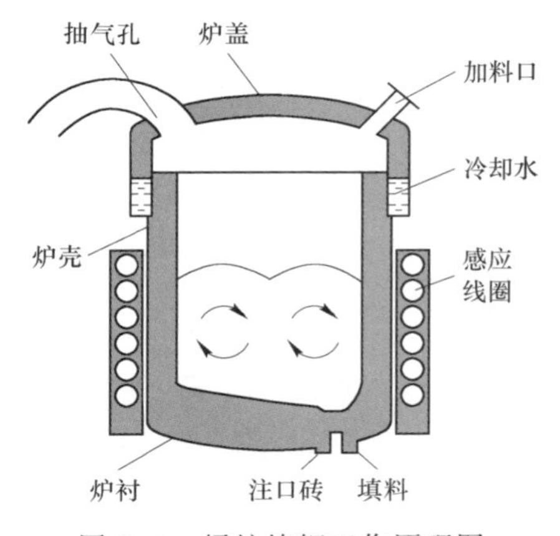

图5-2 桶炉炼钢工作原理图

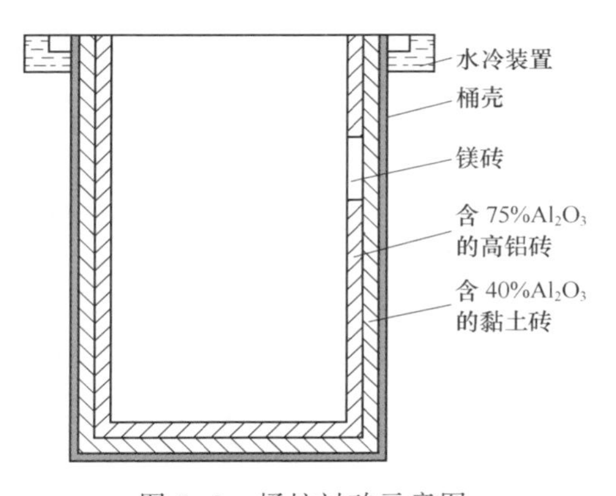

图5-3 桶炉衬砖示意图

精炼时先将注口用材料堵塞，待全部精炼操作完成后，再装上塞杆进行浇铸。如采用滑动水口浇铸则更为方便。

真空系统采用4级蒸汽喷射泵，真空度小于0.5乇（66.66Pa）。

电弧加热钢液不需用大功率的变压器，只要满足精炼和合金化的热量即可，如60t的桶炉，仅需配用6000kV·A的变压器。

由于在真空条件下碳-氧-铬三者之间平衡关系的改变，采用该法冶炼超低碳不锈钢十分有利，吹氧时“去碳保铬”效果良好。

采用该法以后，电弧炉长时间的精炼任务被省略了，因此电弧炉的生产能力大大提高，一般可增产30%以上。钢的质量也得到显著提高，钢中的[H]≤2×10^{-4}%（2ppm），[O]=2×10^{-3}%（20ppm）（比一般减少40%~60%），夹杂物可减少40%，尤其是宏观大颗粒夹杂物。对于铬镍钼钢，断面收缩率将提高10%，伸长率提高20%，钢的电耗降低30kW·t/t，电极消耗降低0.4kg/t。

钢中的气体和夹杂物是影响钢质量的两个重要因素。过去为了净化钢液，通常采用真空脱气处理，虽有一定效果，但因设备投资大，结构繁琐，工艺复杂，使普遍推广应用受到一定的限制。

随着国际上出现的一种钢包吹氩净化钢液的新工艺，将氩气经钢包底部或通过靠近底部侧壁的透气耐火砖吹入钢液中，形成大量气泡，使钢水产生沸腾，导致钢水中残留的气体和夹杂物随之上浮，达到去除的目的，并能促使钢液的温度和成分均匀化。采用这种方法得到的钢质量不亚于真空脱气处理的钢质量，但和真空脱气相比，具有设备简单，操作安全、方便，投资少、投产快等一系列优点。

国内某汽轮机厂，曾对汽轮机大型转子和叶轮用钢、滚珠轴承钢、结构钢等进行了44炉钢包吹氩试验。结果显示（质量分数）：氢降低35.5%、氮降低13%、氧降低38%、硫降低50%、Al_2O_3夹杂物降低39%、Fe_2O_3夹杂物降低52%。由于细化了夹杂物，从而使夹杂物评级相应降低，力学性能提高，废品率下降了74%。

国内某钢厂对滚珠轴承钢进行了钢包吹氩试验，结果显示（质量分数）：钢中氢减少17.5%、氧减少7%、氮减少14.8%，夹杂物总量下降，尤其是大颗粒点状夹杂物下降更为明显。另外有一个厂在对滚珠轴承钢进行钢包吹氩试验时，发现夹杂物在钢锭头、中、尾部分布的情况比未吹氩时均匀了。把吹氩装置和滑动水口联接在一起，既解决了滑动水口的自动开浇，又净化了钢液。

目前，采用吹氩处理的钢种有滚珠轴承钢、结构钢、不锈钢等。

6 合金钢冶炼与浇铸

6.1 合金结构钢

6.1.1 合金结构钢的分类与性能要求

合金结构钢简称为合结钢，主要用来制造各种机械、机械零件和各项工程中的金属结构。近年来，在机器制造、动力、交通运输、国防等工业部门，应用合结钢的比例已日益增多，其产量和品种也相应地得到不断地增长。

6.1.1.1 合金结构钢的分类

A 按用途分类

合金结构钢按用途可分为以下两大类。

(1) 机械制造用钢。

(2) 建筑工程用钢。

B 按热处理工艺分类

合金结构钢按照热处理工艺的不同可分为以下两大类。

(1) 渗碳合结钢：这类钢的含碳量在0.25%以下，经过表面化学热处理(如渗碳、氰化等)、淬火并低温回火以后，具有很硬的表面层（一般HRC值在60以上)，心部则由于保持原有的含碳量，而具有良好的韧性。所以，这类钢在使用过程中，既能耐磨损又能承受高的可变载荷或冲击载荷。

(2) 调质合结钢：这类钢的含碳量一般在0.25%以上，通常经过淬火和高温回火的调质处理，具有很高的强度和良好的韧性。也有一些中碳合结钢可以经过表面火焰淬火、高频淬火或调质处理后再经氮化处理，进一步提高其表面的耐磨性，以满足某些零件的性能要求。

合结钢也可以根据钢中所含合金元素来分类，这样的分类，不但简单明了，而且能在一定的意义上反映出钢的特征。我国相关标准中的合金结构钢就是按照这种方法来分类的，例如铬钢、锰钢、铬锰硅钢、铬锰钛钢、铬钼铝钢、硅锰钼钒钢、硼钢等。

6.1.1.2 对合金结构钢的性能要求

由于各类合结钢的用途不同，因此对各类合结钢的性能要求也不同。

A 对机械制造用钢的性能要求

（1）具有良好的综合力学性能：对于机械制造用钢，不仅要求具有高的强度，还要有高的塑性和韧性，只有这样，才能抵抗机器运转中的动载荷与冲击载荷。但是碳结钢的强度与韧性之间的配合不够理想，如含碳量高时，虽能提高强度，而韧性却显著降低；若含碳量低时，虽然韧性与塑性有较大改善，而强度却大大下降。向碳素结构钢中加入合金元素，其目的就在于改善钢的综合力学性能，使钢材的强度、韧性和塑性具有良好的配合。如图6-1所示，加入合金元素后，能得到强度与碳结钢相同，而韧性却较高的钢（见图6-1甲），或者韧性与碳结钢相同，而强度则较高（见图6-1乙），同时还可以通过合金化和采用一定形式的热处理方法，得到强度和韧性都比较高的钢（见图6-1丙）。

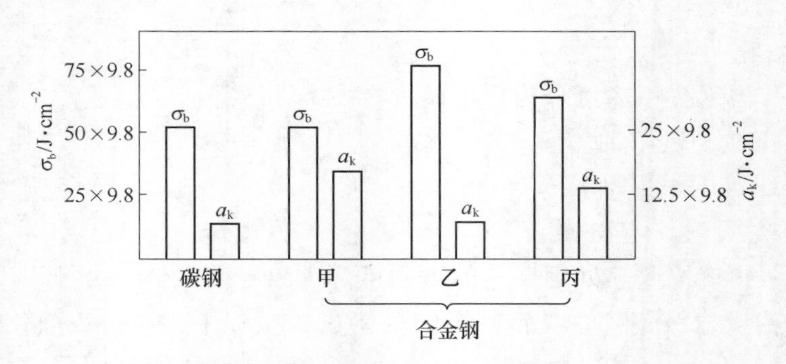

图6-1 合金钢与碳钢力学性能比较

（2）具有良好的淬透性：所谓钢的淬透性，就是淬火时钢材能够淬硬的深度。机械零件在使用前，通常都要经过调质（淬火、高温回火）处理以及化学热处理等工序，使钢获得均匀的索氏体组织。具有这类组织的钢不仅强度较高，而且塑性和韧性良好，适宜用来作尺寸较大的零件。如果采用碳结钢来制造尺寸较大的零件，由于钢的淬透性差，为了阻止钢中奥氏体在冷却过程中分解为铁素体和珠光体，势必采取激烈的水淬；经过这样处理的零件，不仅达不到预期的效果，而且容易造成严重的变形和开裂，因此要求高、尺寸大的机械零件，通常都采用淬透性良好的合结钢来制造。在调质热处理时，可用较缓和的冷却剂进行淬火，回火后使零件在整个断面上保持较均匀的综合性能，这类零件使用性能良好，而且具有较长的使用寿命。

（3）要有良好的工艺性能：钢材的工艺性能包括高温塑性、切削加工性能和焊接性能。为了便于钢材的锻、轧、热加工和零件的制造、安装，对合结钢也要求具有良好的工艺性能。

除以上的性能要求以外，在某些使用场合，还要求机械用钢具有一定的耐磨和耐热性。

B 对建筑工程用钢的性能要求

由于在多数情况下，建筑工程用钢承受静载荷的作用，所以对这类钢的性能要求以强度为主，兼顾韧性和塑性。另外在现代的工程结构中，铆接工艺日益为焊接工艺所取代，因此对钢材的焊接性能要求被提到重要的位置；同时为了使结构安全可靠，还希望这类钢的缺口敏感性和时效敏感性小，并且具有一定的耐腐蚀性能。

6.1.2 合金结构钢中主要合金元素的作用

合结钢之所以比一般碳结钢的综合力学性能好，其主要原因是合结钢中含有一定量的合金元素。

通常合结钢的合金元素含量不高，一般不超过5%，但是加入的种类却很多，现有的几百种合金结构钢中，即包含着炼钢中采用过的大多数合金元素，如硅、锰、钼、钒、钛、铬、镍、钨、铝、硼、铜、铌和稀土金属等。

6.1.2.1 合金元素对结构钢性能变化的影响

合金元素对钢性能的影响，有其有利的一面，也有其不利的一面。

A 有利的一面

（1）钢中的合金元素能部分或全部溶入铁素体中，与铁形成固溶体，使铁素体的力学性能发生变化，强度和硬度显著提高，这种作用称为合金元素对铁素体的强化作用。虽然所有的合金元素都能提高铁素体的强度，但它们的强化程度却各不相同（见图6-2），因为当合金元素和铁形成置换式固溶体时，合金元素的原子半径与铁原子的半径相差越大，在晶格内产生的应力越大，则该元素对铁素体的强化作用就越大。

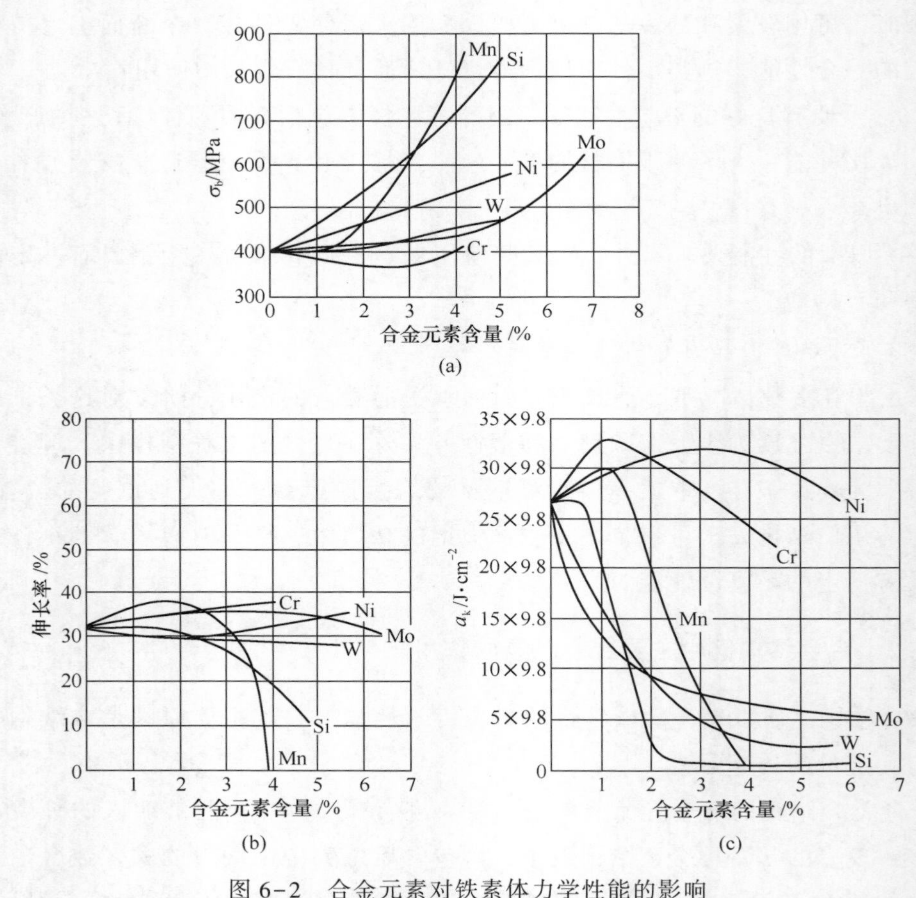

图 6-2 合金元素对铁素体力学性能的影响

（a）对抗拉强度的影响；（b）对伸长率的影响；（c）对冲击韧性的影响

从图 6-2 可以看出，硅锰镍能强烈地提高铁素体的强度，而铬钼钨的作用则较微弱，与此同时，硅锰使铁素体的塑性与韧性有所降低（当锰含量小于 1%时，对铁素体的塑性和韧性有所提高）。特别是当硅锰的含量均大于 1.5%时，韧性即明显下降。这里值得注意的是镍，它一方面能够有效地提高铁素体的强度，同时还能略为提高其韧性和塑性。所以目前某些重要用途的航空结构钢中，镍仍未能以其他元素取代。

（2）合金元素能使钢易于淬火，增大淬透性。当钢中合金元素含量增加时，钢的淬透性增加；如果采用多元素合结钢，合金元素对钢的淬透性影响将比增加单一合金元素更为显著。

（3）钢在加热时，合金元素能阻碍钢中奥氏体晶粒长大，使钢的晶粒细化；在热处理以后，钢的综合力学性能较好。

不同合金元素对钢的晶粒细化程度也不同，具体情况如下：

强烈细化晶粒的元素：钒、钛、铝（少量）；

中等细化晶粒的元素：钨、钼、铬；

微弱细化晶粒的元素：硅、镍；

对细化晶粒无作用的元素：铜；

增加晶粒长大倾向的元素：锰、磷。

总之，以强碳化物形成元素最为有利。

（4）能形成碳化物的合金元素，淬火后溶于马氏体组织中，在回火时不易析出，致使马氏体不容易分解。

根据合金元素形成的碳化物稳定性程度不同，可以相应地延缓碳化物的析出和聚集。使回火温度不同程度的提高，使钢材的碳化物保持一定的分散度，这对调质钢的强度与韧性的配合能够起到重要的作用。

B 不利的一面

合金元素对结构钢不利的一面，主要是许多合金元素能引起合结钢的回火脆性倾向。所谓“回火脆性”，就是钢在某一温度范围内回火时，其冲击韧性剧烈下降的现象。

图 6-3 为回火温度对合结钢冲击韧性的影响。

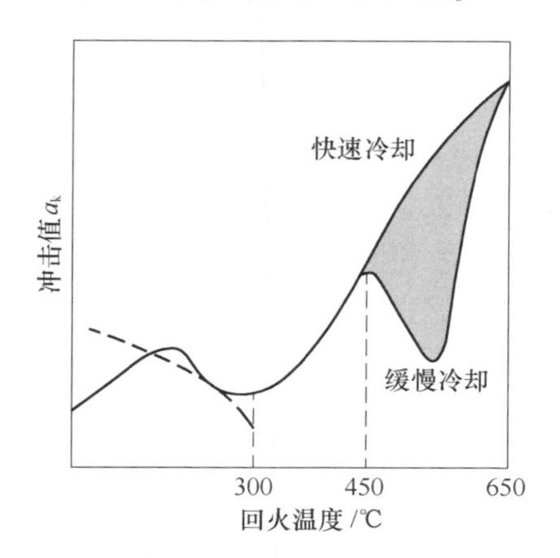

图 6-3 回火温度对合结钢冲击韧性的影响

从图 6-3 可以看出，合结钢中存在着两个脆性区域，第一个脆性区域在 250~400℃ 范围内，第二个脆性区域在 450~600℃ 范围内。

250~400℃ 的脆性区，所有的钢或多或少都有，它发生在淬火钢回火时，回火后的冷却速度不影响这种脆性的变化；如果将钢加热到400℃以上，回火脆性消除后，再将钢加热到250~400℃，脆性不会重复出现，这种脆性称为不可逆回火脆性。

对于450~600℃的回火脆性，只有在保温炉冷的缓慢冷却时才会发生，当采取快冷时脆性可以消除或大大减少，但在重复回火慢冷的条件下又会出现，具有可逆性。在正火钢高温回火，甚至个别钢退火后，都能观察到这种脆性。

对合结钢增大回火脆性倾向的元素有磷、锰、硅、铬、铝、钒等，以及有铬、锰存在时的镍和铜；不改变脆性倾向的元素有：钛、铌以及镍和铜(当钢中没有其他合金元素存在时)；减少回火脆性倾向的元素有：钼和钨。

必须指出，上述合金元素对钢的回火脆性影响的划分，是以一定含量及工艺条件为前提的。实践证明：熔炼方法、热处理条件，都对钢的回火脆性有很大影响。

6.1.2.2 常用元素在合结钢中所起的作用

以上介绍了合金元素对结构钢综合性能的影响；下面进一步认识每一种常用元素在合结钢中的特殊作用。当了解到每一种合金元素在结构钢中的作用以及它们的相互联系、相互影响以后，就能更进一步地了解结构钢的成分与质量的关系，这对在冶炼过程中正确控制钢的成分是很有帮助的。

(1) 铬：铬是碳化物形成元素，铬的碳化物硬度高，增加了钢的耐磨性。铬溶于铁素体后可以强化铁素体。铬的碳化物阻碍了奥氏体晶粒的长大，使钢的晶粒细化，并使奥氏体恒温转变曲线右移，改变了曲线的形状，促使曲线形成第二个鼻部。所以铬增加了奥氏体的稳定性，降低了临界冷却速度，提高了钢的淬透性。

(2) 镍：镍可溶于铁素体，使铁素体强化，并能提高钢的常温和低温冲击韧性。镍也能使奥氏体恒温转变曲线向右移，降低临界冷却速度，增加钢的淬透性，不过在这方面，镍比铬的作用要温和一些。

(3) 钒：钒在结构钢中的加入量往往是不多的。钒是强烈的碳化物形成元素，钒形成的碳化物在高温时不溶入奥氏体，能阻止奥氏体晶粒长大。钒能少量的溶入铁素体中，提高钢的强度。

(4) 钼：钼的碳化物可部分地溶于铁素体中，从而提高了钢的强度。钼能很强烈地将奥氏体恒温转变曲线向右移，使临界冷却速度显著降低，提高了钢的淬透性；同时钼能阻止奥氏体晶粒长大。钼还能提高钢的回火稳定性，从而提高了钢的高温强度，并能消除钢的回火脆性。

（5）钨：钨在结构钢中的作用与钼相似，但效果不如钼显著。

（6）锰：向钢中加入锰，通常是为了脱氧和减弱硫的有害作用。锰也作为合金元素加入钢中。锰可大量地与铁素体组成固溶体，显著地提高钢的强度，锰也能使奥氏体恒温转变曲线右移，降低临界冷却速度，提高钢的淬透性。但是，当锰含量提高到1.5%时，将会降低钢的塑性和韧性，并增加钢的回火脆性，所以普通结构钢中的锰含量不超过2%。在钢加热时，锰不同于其他合金元素，它会促使奥氏体的晶粒长大。

（7）硅：在炼钢过程中，硅常以硅铁的形式加入钢中作为脱氧剂。当钢中的硅含量高于一般的含量（为0.20%~0.40%）时，即作为合金元素。硅与铁素体形成固溶体，能大大提高钢的硬度和强度，却降低了钢的韧性。当钢中的硅含量过高时，钢材容易变脆。在回火时，硅能阻止钢的硬度降低。

（8）钛：钛的化学性能极活泼，它和碳、氮、氧都有极强的亲和力，是良好的脱氧去气和固定碳、氮的元素。钛在结构钢中的一般含量在0.15%以下，常与铬、锰、硼等配合使用。

钛是强碳化物形成元素，钛与碳形成的TiC极稳定，能细化钢的晶粒。钒对提高钢的强度有很大作用。

（9）硼：硼作为合金元素在结构钢中的含量极微，一般为0.005%以下。硼的主要作用是增加钢的淬透性，其影响效果要比铬、锰和其他合金元素大得多，应用微量的硼可以节约大量的合金元素。

硼是化学性能极活泼的元素之一，它和氮、氧都有很强的亲和力，和碳也能形成碳硼化合物。

（10）铝：铝在炼钢生产中，一般用作脱氧剂和定氮剂，能细化晶粒。铝作为结构钢的合金元素，主要应用在渗氮钢中，铝含量小于1.1%。铝对氮有极大的亲和力，在渗氮钢中铝是不可缺少的合金元素。含铝钢渗氮后，在钢表面牢固地形成一层薄而硬的、弥散分布的氮化铝层，从而提高钢的硬度和疲劳强度，并改善钢的耐磨性。

铝能增高钢的临界转变温度。由于氮化铝微粒在加热时不易分解，并将导致钢的临界冷却速度增高，淬透性降低，因此含铝钢的淬火加热温度较高，并要求迅速冷却。

6.1.2.3 合金元素在结构钢中的配合

根据合金元素在结构钢中所发挥的作用和特点，可将它们分成两类：

第一类为主加元素，它们对钢的性能起着主要的作用，表现为提高钢的力学性能和增加淬透性，如铬、锰、硅、镍等。

第二类为辅加元素，加入它们的目的，虽然也能提高钢的力学性能和增加淬透性，但主要在于细化晶粒，增加抗回火稳定性，以及防止回火脆性倾向，以保证钢中各元素能够充分地发挥作用，如钼、钨、钛、钒、硼、铝、稀土等。

合金结构钢中主加元素的含量波动在1%~3%范围内，在二元或多元合结钢中，也可达3%~5%；而辅加元素的含量一般在0.1%~0.5%，很少超过1%的。值得指出的是：以上的分类不是绝对的。例如，在20CrMnTi钢中，铬、锰是主加元素，钛是辅加元素；可是在另一种情况下即很难区分，如在40MnB、40MnVB钢中，虽然硼和钒的含量与锰相差很多，但是就对钢的强度和淬透性等作用来说，却很难用它们与锰的含量差别来衡量。

6.1.2.4 热处理工艺对合金元素在钢中所起作用的影响

尽管向钢中加入各种合金元素，可以在一定程度上强化铁素体，或通过其他作用以提高钢的力学性能。但是，如果不经过恰当的热处理工艺，在一般热轧或退火状态下的钢，其力学性能并不高；反之，如果根据钢的特性，在不同温度和介质下对钢进行调质热处理（淬火或回火），却能使合金元素在钢中所起的作用得到充分的发挥，使钢的强度和韧性达到很高的指标。

6.1.3 合金结构钢的冶炼、浇铸工艺及质量问题

6.1.3.1 铬锰硅钢组

铬锰硅钢是在铬锰钢的基础上发展起来的。这组钢的优点是：在高强度下具有足够的韧性，碳含量低时有较好的焊接性，但淬透性略低于相应的铬钼钢，这组钢广泛地用于制造重要的薄型焊接构件。同时，这组钢还具有良好的耐磨性，也可用来制造具备耐磨条件的机械零件。这组钢的切削加工性能不很好，回火脆性倾向和脱碳倾向较大，横向性能也较差。

由于这组钢不含贵重的合金元素，且其性能又不亚于铬、钼钢和铬、镍钢，所以是价廉而又重要的合结钢，可广泛地用于各工业生产。

A 铬锰硅钢的冶炼与浇铸工艺（以30CrMnSi为例）

a 30CrMnSi钢的用途、性能与质量要求

（1）用途：30CrMnSi钢可以用来制造重要用途的零件，包括在震动负

荷下的焊接结构和铆接结构。例如，高压鼓风机的叶片、阀板，高速高负荷的齿轮轴、齿轮、链轮轴、离合器、螺栓、轴套以及在非腐蚀性介质中的管道等。

（2）性能：30CrMnSi钢的化学成分、物理性能和力学性能，分别列于表6-1～表6-3。

表6-1　30CrMnSi钢的化学成分

化学成分	C	Si	Mn	Cr	S	P	Ni	Cu
含量（质量分数）/%	0.27～0.34	0.90～1.20	0.80～1.10	0.80～1.10	≤0.040	≤0.040	≤0.035	≤0.30

注：高级优质钢中，w(S)≤0.030%，w(P)≤0.035%，w(Cu)≤0.25%。

表6-2　30CrMnSi钢的物理性能

临界温度（近似值）/℃				导热系数 λ（100℃时）	线膨胀系数 α（20～100℃时）	密度 γ/g · cm^{-3}
A_{c1}	A_{c3}	A_{r3}	A_{r1}			
760	830	705	670	0.09	11.0×10^{-6}	7.75

表6-3　30CrMnSi钢的力学性能

钢号	试样毛坯尺寸/mm	热处理				
		淬火			回火	
		温度/℃		冷却剂	温度/℃	冷却剂
		第一次淬火	第二次淬火			
30CrMnSi	25	880	—	油	520	水、油

钢号	力学性能					钢材退火或高温回火供应状态，布氏硬度压痕直径/mm
	抗拉强度 σ_b/MPa	屈服点 σ_s/MPa	伸长率/%	收缩率/%	冲击韧性 a_k/J · cm^{-2}	
30CrMnSi	≥1100	≥900	≥10	≥45	≥49	≥4.0

（3）高、低倍的质量要求有以下几点。

1）低倍：在横向酸浸试片或淬火试样的断口上检查低倍组织时，不得有肉眼可见的缩孔、气泡、裂纹、夹杂物、翻皮及白点。

检查酸浸低倍组织时，评定级别不得超过以下规定：

项目	一般疏松	中心疏松	偏析
优质钢	3级	3级	3.0级
高级优质钢	2级	2级	2.5级

2）高倍：对钢的显微夹杂物有检查评级要求时，最高级别不得超过：氧化物及硫化物各3级，两者之和为5.5级。

3）塔形：当要求检查发纹时，对于截面尺寸16~200mm的钢材，可采用各阶梯直径（以整数计）分别为0.8、0.6、0.4倍钢材尺寸和各阶梯长50mm的3阶梯塔形试验检验，其结果一般不应超过表6-4规定。

表6-4 发纹检验标准

项目	发纹总条数/条	单条长度/mm	总长度/mm	每阶条数/条	每阶总长度/mm
第一组	≤5	≤6	≤20	≤3	≤10
第二组	≤8	≤8	≤30	≤4	≤15

除以上要求以外，根据用户的使用情况，还可对钢的化学成分、力学性能、纯净度等提出更高的要求。

b 30CrMnSi钢的冶炼工艺

30CrMnSi钢可用氧化法、不氧化法和返回吹氧法冶炼。由于目前绝大多数的30CrMnSi钢是用氧化法冶炼的，因此这里只着重叙述氧化法的冶炼工艺。

因为30CrMnSi钢常被用来制造重要的机械零件和结构，所以对钢材的力学性能有严格的要求，但此钢种容易发生发纹和氧化物夹杂不符合标准等缺陷，而这些缺陷又将严重影响钢的力学性能，甚至造成大量报废，所以在30CrMnSi钢的冶炼过程中，应将去除钢中的气体和夹杂看作是必须解决的主要矛盾和首要任务。

（1）配料与装料：30CrMnSi钢应在炉体良好的条件下进行冶炼。冶炼过程中，应仔细维护炉体，补炉镁砂的用量（吨钢）一般不超过15kg/t，禁止用潮湿的材料进行补炉。

炉料应由低磷、少锈、干燥的废钢和生铁组成，炉料的配碳量应根据熔化期的吹损和氧化期的脱碳量配入，以保证炉料熔清后在氧化期有充分的脱碳量。炉料在料斗中布放应该密实，防止熔化期吹氧助熔时出现塌料。

进料前应在炉底先加入15~20kg/t的石灰，使炉内能够早期形成炉渣，以减少钢液吸气和便于早期的脱磷操作。

（2）熔化期：炉料熔化60%以后，即可吹氧助熔，吹氧压力一般为4atm[1]左右。在吹氧助熔过程中，可向炉内加入适量的小块铁矿、氧化铁皮、萤石及石灰，使及早形成碱度合适、流动性好的氧化性炉渣，减少钢液吸气和便于脱磷；在吹氧过程中通过不断地流渣，大量去除钢液中的磷。

磷在30CrMnSi钢材中是极其有害的，由于磷的存在将导致钢材的冲击韧性急剧降低。所以对一些重要用途的30CrMnSiA钢材，磷含量一般要求在0.020%以下。故在熔化和氧化过程中，应对脱磷操作特别注意。

（3）氧化期：炉料熔清之后，搅拌取样分析，接着进行吹氧升温，并调整好炉渣，准备进行氧化。

当钢液温度达到1580℃（以结膜测温30s作参考），含碳量合适时，即可开始加矿进行氧化。为了去除钢液中的气体和夹杂物，氧化期的脱碳量宜在0.3%~0.5%范围内。

氧化期的矿石用量为20kg/t，分两批加入，在两批矿石之间应适量补加石灰和萤石渣料，以保持炉渣的碱度和钢液的温度。加矿后钢液有良好的均匀沸腾，能够充分地去除钢中的气体和夹杂物。在加矿过程中，使炉渣自动流出，保证钢液中的磷含量继续降低。

加矿完毕，进行吹氧脱碳，氧气的压力在4atm以上，氧气管插入钢液深部，使钢液有良好的搅动，有利于钢中的气体和夹杂物得到进一步排除。

氧化末期终点碳含量控制不宜过低，一般在0.20%以上。当终点碳含量合适后，即可拉去一部分渣，开始净沸腾，净沸腾时间保持在10min左右，在此时间内向钢中加入锰铁进行预脱氧，加入的锰铁量（包括残余锰量在内）相当于0.30%。

当净沸腾以后，钢液温度达到1580℃以上，钢中的磷含量达到0.012%以下时，可全部出渣。

（4）还原期：出渣完毕后，在赤裸钢液面上加入1.0kg/t的硅钙块，并随即加入稀薄渣料，稀薄渣料的配比应为：石灰：萤石：火砖块（或硅石）=（3~2）：（1.5~1）：1，稀薄渣料用量为料量的3%~4%。在稀薄渣下插铝0.5~0.8kg/t，以规格下限或中下限加入锰铁或铬铁。当稀薄渣料熔化以后，即可加入3~4kg/t的电石进行还原（在电石中也可掺加少量的硅铁粉和炭粉，以增加还原气氛），在熔化电石过程中，应以较大的功率送电，同时紧密炉门，以保持炉内有良好的还原气氛。经过8~15min，炉渣变白以后，改

[1] 1atm=101325Pa。

用小功率送电，并充分搅拌钢液取样分析。在还原期应采用炭粉、硅钙粉、硅铁粉保持白渣，炉渣中的 FeO 含量应保持在 0.40%以下，使炉内的扩散脱氧得到良好地进行。在还原末期、调整成分以前，钢中的残余含硅量应达到 0.10%以上。

根据具体情况，还原期应加入适量的石灰或萤石调整炉渣，使炉渣保持良好的流动性；为了保证炉内的脱氧良好，还原期应采用大渣量操作，整个还原渣量为料重的 5%～6%。最后根据分析结果调整化学成分，为了使钢材具有良好的力学性能，钢的化学成分宜以表 6-5 的范围进行控制。

表 6-5 30CrMnSi 钢的化学成分控制范围

元素名称	C	Mn	Si	Cr
含量（质量分数）/%	0.30～0.34	0.85～1.05	0.95～1.15	0.90～1.10

在调整成分时，尽量避免生铁增碳，从合金加入到出炉应有足够的时间，使合金中所含的夹杂物得以充分地上浮。

当钢液成分调整合适，白渣保持时间在 30min 以上，钢中含硫量达 0.050%以下，钢液温度在 1580～1600℃范围时，即可插铝 0.8～1kg/t，然后出钢。出钢过程中要求钢、渣同出，使钢、渣在钢包中良好的混冲。对断口有严格要求的钢材，插铝量应适量减少。

采用异炉渣洗工艺时，在出钢前扒除全部炉渣，然后插铝出钢。要求 $CaO-Al_2O_3$ 合成渣的温度在 1740～1760℃的范围，渣量为钢水质量的 7%左右。在出钢过程中，尽可能将钢包放低，增加钢、渣的混冲高度，使钢、渣在钢包中得以强烈的混冲，以达到渣洗的目的。

c 30CrMnSi 钢的浇铸工艺

30CrMnSi 钢一般采用下注法浇铸。当采用下注法浇铸 2t 左右的钢锭时，在实际容量为 15～25t 的钢包中，可采用 ϕ50mm 的注口砖。

钢在钢包中的镇静时间应控制适当，不宜过长和过短，一方面促使钢液中的夹杂物充分地上浮，另一方面需尽量减少钢包的耐火材料对钢液的沾污。对于 15～25t 的钢液，用下注法浇铸 2t 左右的钢锭时，一般镇静时间为 4～7min；采用异炉渣洗工艺时，一般镇静时间为 5～8min。

在浇铸过程中，一般采用锭模涂油木框保护浇铸或石墨渣保护浇铸。石墨渣保护浇铸的效果比锭模涂油木框保护浇铸好，且以钢液在模内呈小花膜亮圈上升为佳。采用石墨渣保护浇铸时，应确保石墨渣不翻入模壁，而在钢液面上平稳地上升。帽口的补注时间为锭身浇铸时间的 2/3 到 1 倍，应采用中长流补注，不宜细流补注和冲压补注。钢锭浇铸完毕以后，加好发热剂和保温剂。

对于质量为2t左右的钢锭，浇铸完毕1.5h以后，方可起吊、脱模、坑冷；或采取模冷12h后脱模。热送钢锭在3.5h内送轧钢车间；4.5h内钢锭进入均热炉。

冷送钢锭在送往加工车间以前，应对钢锭表面质量进行仔细检查，如不符合要求，需作精整处理。

B 30CrMnSi钢的常见缺陷和改进途径

在冶炼高要求的30CrMnSiA钢时，常见的缺陷有非金属夹杂物及塔形不合两种。

a 非金属夹杂物在钢锭中的分布情况

30CrMnSi钢锭中非金属夹杂物的分布规律是硫化物在钢锭头部最严重，中部一般，尾部较好，氧化物的分布则与此相反。例如某厂单重为2~2.3t的钢锭，曾分头、中、尾取样检验，表6-6为检验结果（约200炉）经综合分析后得出的数据。

表6-6 夹杂物在钢锭不同部位的平均级别 （级）

夹杂物	钢锭部位		
	头部	中部	尾部
硫化物	1.42	1.40	1.35
氧化物	1.43	1.65	1.74

其中，大颗粒的硫化物以头部最多，小颗粒的硫化物则集聚在尾部。图6-4为某厂两年来生产的钢锭中硫化物分布情况。

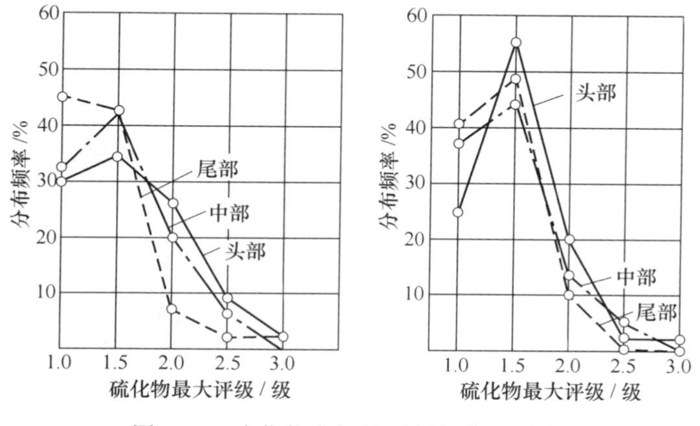

图6-4 硫化物在钢锭不同部位的分布

硫化物的这种分布情况是由于硫的选分结晶作用十分强烈，使硫化物大多数聚集在钢锭最后凝固的区域，因而钢锭头部的硫化物级别较高。在钢锭尾部由于冷却速度很快，是硫的负偏析区域，因此硫化物级别较低。

某厂两年来钢锭中氧化物的分布情况如图 6-5 所示。

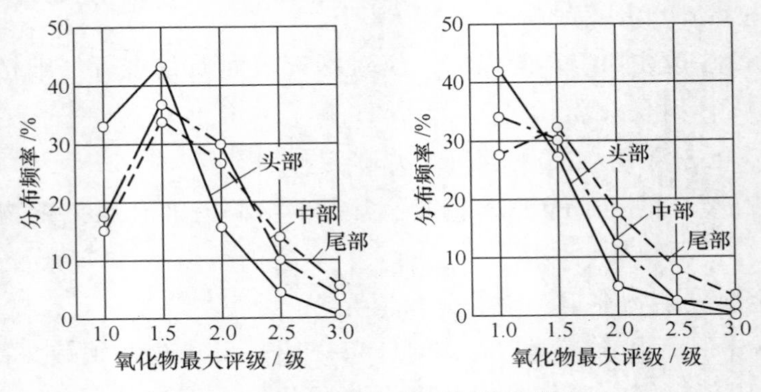

图 6-5 氧化物在钢锭不同部位的分布

在钢锭下部的轴心区域有级别较高的氧化物夹杂，而沿钢锭中心由下向上氧化物的级别逐渐下降。形成这种分布的原因是：在浇铸过程中，最后细流补注时，严重的二次氧化的钢液停留在钢锭尾部，致造成钢锭尾部氧化物夹杂级别升高。

b 降低 30CrMnSi 钢夹杂物的途径

30CrMnSi 钢夹杂物的来源与其他结构钢一样，都是由原材料带入和在冶炼、浇铸过程中形成的，因此改善夹杂物的途径也只能是从改善原材料的质量和改进冶炼、浇铸的操作工艺着手。下面是某厂降低 30CrMnSi 钢夹杂物的几点生产经验。

（1）改进原材料的质量：原材料（包括金属材料和造渣材料）的质量对 30CrMnSi 钢的夹杂含量影响很大，过去曾遇到过这样的情况：在连续两个月的生产中，其他条件与操作方法基本相同，只有原材料的质量存在明显的差别，从而使钢中夹杂物含量也有很大的差别，氧化物级别的合格率分别为 92%和 75%（指高要求的 30CrMnSiA 钢）。所以在冶炼 30CrMnSiA 钢时，保证原材料的质量是很有必要的。

（2）认真做好氧化期的操作：氧化期高温氧化沸腾是去除气体、夹杂物的重要手段，特别是在废钢条件较差的情况下更为重要。如果是氧化期加矿数量较多、终点碳控制过低的炉号，则氧化物夹杂的级别将会升高，所以氧化期的脱碳量、加矿量和终点碳的控制必须适当，这对降低夹杂物级别是有好处的。

（3）选择适当的预脱氧制度：在实际操作中，常采用三种不同的预脱氧制度，其效果见表6-7。

表6-7　预脱氧制度对钢中夹杂物的影响

预脱氧剂	试片数/片	合格率/%	
		氧化物	硫化物
硅、钙	243	70.8	81.1
铝	42	78.6	88.1
铝加硅钙	243	84.8	87.2

显然，用硅、钙预脱氧的效果较差，用铝或铝加硅钙以后，合格率显著提高。因此，用铝强制预脱氧或用铝加硅钙预脱氧的工艺目前应用较多。

（4）加强还原期的扩散脱氧操作：还原期的扩散脱氧操作，对于钢中夹杂物含量有关键性的影响，在一般的白渣法冶炼工艺操作中，还原期采用大渣量操作，对降低钢内夹杂物的级别有利。近两年来，在容量12~18t的电炉中，还原渣量从原来相当于料重的4%增加到5%~6%，实践证明效果良好，因为渣量增加以后，提高了炉渣的脱硫效果。钢材中的硫化物大都随着硫含量的升高而升高，当还原渣量增加以后，成品钢中的含硫量将大幅度地降低，硫化物夹杂势必随之而降低；而且还原渣量增加以后，由于脱硫效果的提高，尚有利于促进脱氧的进行。另外，在出钢过程中采用先渣后钢的出钢方法，使钢、渣在钢包中得到良好的混冲，起到同炉渣洗的作用，有利于钢中夹杂物的去除，所以大渣量操作是白渣法冶炼30CrMnSi钢改善非金属夹杂物的有效方法之一。

（5）终脱氧的操作：终脱氧插铝要适量，不宜太多，因为插铝量过多，容易造成钢中氮化铝、三氧化二铝夹杂物集聚，形成钢材断口不良的缺陷。目前终脱氧的插铝量一般为0.8~1kg/t，这对于一般用途的钢材来说，尚能满足需要；但对“断口”要求较严格的钢材，终脱氧的插铝量有考虑降低的必要。

（6）正确控制出钢温度：出钢温度对30CrMnSi钢中夹杂物含量有一定影响。表6-8为采用白渣法生产的30CrMnSi钢的出钢温度对钢中夹杂物级别的影响，可以看出，出钢温度不宜过高，如出钢温度过高，易造成出钢和浇铸过程中的吸气以及对炉衬和钢包的浸蚀加剧，导致钢中夹杂物级别的上升。

表 6-8 出钢温度对钢中夹杂物级别的影响

出钢温度			夹杂物平均级别/级	
工艺要求温度范围/℃	实际出钢平均温度/℃	出钢温度符合工艺范围的占比/%	氧化物	硫化物
1580~1600	1605	66.2	1.637	1.435
1580~1600	1595	77	1.45	1.41

然而出钢温度也不宜过低，因为出钢温度过低，降低了炉内扩散脱氧的速度，出炉后钢液在钢包镇静的时间较短，使夹杂物不易上浮，也会引起钢中夹杂物级别的上升。

生产实际经验证明，在冶炼 30CrMnSi 钢过程中，采用 $CaO-Al_2O_3$ 合成渣异炉渣洗工艺，是降低钢中非金属夹杂物的有效方法之一。在出钢过程中，钢水在钢包内经过 $CaO-Al_2O_3$ 合成渣的洗涤，脱硫效率和脱氧效率大大提高，大幅度地降低了钢中非金属夹杂物的含量，并在一定程度上改变了钢中非金属夹杂物的成分。在条件许可的情况下，采用异炉渣洗工艺，钢的质量将比采用一般白渣法冶炼时有所提高，钢中非金属夹杂物的含量也将进一步降低，见表 6-9。

表 6-9 冶炼工艺对钢中夹杂物的影响

冶炼方法	检验炉数/炉	氧化物		硫化物	
		平均级别/级	≤1.5 级的试片率/%	平均级别/级	≤1.5 级的试片率/%
白渣法	140	1.41	89.7	1.37	84.20
白渣法加异炉渣洗	18	1.13	98.15	0.96	100

c 发纹

发纹是 30CrMnSi 钢常见的缺陷之一，它在钢锭中的分布情况，经某厂统计分析有以下特点，即主要集中在钢锭（钢坯）的皮层部分。在钢锭头、中、尾各部位出现的发纹是不一样的，而且差距很大，通常以头部第一阶梯最为严重，中部次之，尾部出现概率最小，而且皮层和中心之间的变化也比其他部位要小。

钢锭中发纹的分布情况见图 6-6 和表 6-10。

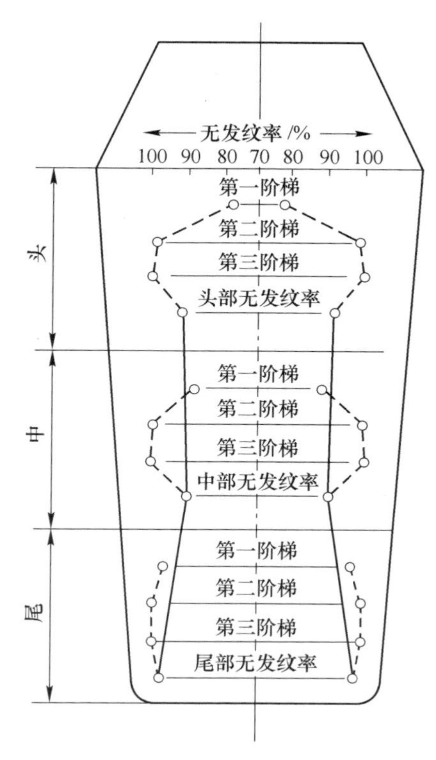

图 6-6 钢锭头、中、尾各部阶梯上发纹出现情况

表 6-10 钢锭的头、中、尾各部位发纹出现情况 (%)

部位	项目	第一阶梯	第二阶梯	第三阶梯	综合
头	无发纹率	77	98.5	99.3	91.5
	合格率	92.5	100	100	95
	不合格率	7.5	0	0	5
中	无发纹率	88	99	100	91.5
	合格率	93	100	100	98.5
	不合格率	7	0	0	1.5
尾	无发纹率	96	98	98	97.5
	合格率	98	99	99	99
	不合格率	2	1	1	1
总计	无发纹率	86	98.5	99.1	94.5
	合格率	94.5	99.7	99.7	97
	不合格率	5.5	0.3	0.3	3

注：以阶梯为单位进行统计。

关于发纹的形成原因，国内外冶金工作者曾做过不少的研究，目前提出有气体形成和夹杂物形成两种论点，意见还未统一。

气体形成论者认为：溶入钢液中的氢在钢锭结晶过程中由于温度降低而析出，以氢分子的形式聚集于钢锭中某些缺陷处，造成了钢中的高应力部分，当钢的组织应力、热应力与氢应力的方向一致时，就产生了钢中的发纹。

夹杂物形成论者认为：由于冶炼和浇铸不当，钢中含有多量的夹杂物，是产生发纹的重要原因。国内某厂曾对发纹与夹杂物的对应关系进行了研究，得出发纹与夹杂物的对应率为81%，证实了上述论点。然而并不是所有钢中的夹杂物都能引起发纹，国内某厂对30CrMnSi钢进行了研究，观察其表面，硫化物夹杂和可塑性夹杂均不形成发纹，高熔点的钛、锆夹杂呈分散状态也不形成发纹。

根据某厂近几年来生产30CrMnSi钢的实践情况，采用$CaO-Al_2O_3$合成渣异炉渣洗、电渣重熔，都能大幅度地降低钢材的发纹出现率或消除发纹。此外，在钢锭浇铸过程中，采用石墨渣保护浇铸后，皮下夹杂缺陷得到改善，皮层发纹问题基本获得解决。事实充分说明：钢中出现的发纹主要是由夹杂物引起的。结合发纹在钢锭中的分布情况认为：在浇铸过程中，钢液在锭模中上升时，二次氧化产生的夹杂物存在于钢锭皮层，这是第一阶梯产生发纹的重要原因之一。综上所述，降低发纹的主要途径应从降低钢中的夹杂物着手。

某厂近两年来，采用白渣法冶炼工艺生产时，由于采取了一系列相应的措施，使钢材的夹杂物级别逐步降低，同时提高了钢材的塔形合格率及无发纹率。

在条件许可的情况下，采用$CaO-Al_2O_3$合成渣异炉渣洗，可以降低钢材的发纹出现率。

表6-11是两种冶炼工艺的钢材塔形合格率。

表6-11 两种冶炼工艺的钢材塔形合格率

冶炼工艺	检验炉数/炉	塔形合格率/%
白渣法	140	98.5
白渣法加异炉合成渣洗	18	100

根据某厂的生产实践情况，有时钢材的发纹和钢锭的皮下气泡、翻皮、表面夹杂有一定的对应关系，第一阶梯的发纹往往是由上述其他缺陷所引起

的，所以选择合理的钢锭保护浇铸方法是减少钢材发纹的有效途径之一。

从上述30CrMnSi钢出现的缺陷来进行分析，发纹主要是夹杂在钢中的存在形式之一；而影响钢中存在非金属夹杂物的因素却是比较复杂的。

6.1.3.2 铬锰钛钢组

铬锰钛钢是在铬锰钢的基础上发展起来的。铬锰钢内加入少量的钛，可以使钢的晶粒细化，提高钢的强度和韧性。

渗碳的铬锰钛钢，经过恰当的热处理后，可以获得足够高的力学性能，具有硬而耐磨的表面和强而韧的心部，变形的程度也较其他渗碳钢种为小；加工工艺性能良好，可制造几何形状复杂的零件。

这类钢具有回火脆性倾向；但由于不含贵重的合金元素，而又能代替相应的铬镍钢和铬锰钼钢，所以在工业中得到了广泛的应用。

A 铬锰钛钢的冶炼与浇铸工艺（以20CrMnTi钢为例）

a 20CrMnTi钢的用途、性能和质量要求

（1）用途：20CrMnTi钢一般作渗碳钢用，也可以经调质后使用，常用来制造截面ϕ40mm以下，承受高速、重载荷以及经受冲击、摩擦的重要零件，如齿轮、齿圈、齿轮轴、十字头等。

（2）性能：表6-12～表6-14分别为20CrMnTi钢的化学成分、物理性能和力学性能。

表6-12 20CrMnTi钢的化学成分

化学成分	C	Si	Mn	Cr	Ti
含量（质量分数）/%	0.17～0.24	0.20～0.40	0.80～1.10	1.00～1.30	0.06～0.12

化学成分	S	P	Ni	Cu
含量（质量分数）/%	≤0.040～0.030	≤0.040～0.035	≤0.35	≤0.30

注：高级优质钢中，w(S)≤0.030%，w(P)≤0.035%，w(Cu)≤0.25%。

表6-13 20CrMnTi钢的物理性能

临界温度（近似值）/℃		
A_{c1}	A_{c3}	A_{r1}
740	825	650

表 6-14 20CrMnTi 钢的力学性能

试样毛坯尺寸/mm	热处理				
	淬火			回火	
	温度/℃		冷却剂	温度/℃	冷却剂
	第一次淬火	第二次淬火			
15	880	870	油	200	水、空气

试样毛坯尺寸/mm	力学性能					钢材退火或高温回火供应状态，布氏硬度压痕直径/mm
	抗拉强度 σ_b /MPa	屈服点 σ_s /MPa	伸长率 /%	收缩率 /%	冲击韧性 a_k /J·cm^{-2}	
15	≥1100	≥850	≥10	≥45	≥68.6	≥4.1

(3) 质量要求：质量要求应符合相关规定（和 30CrMnSi 钢相同）。

b 20CrMnTi 钢的冶炼工艺特点

20GrMnTi 钢氧化期脱碳量应大于 0.30%，做到高温均匀沸腾，自动流渣操作，以达到充分去除钢中气体、夹杂和磷的目的。在还原期，白渣保持时间应在 30min 以上。

在冶炼 20CrMnTi 钢的过程中，钛的合金化属于关键性操作。因为钛元素极易氧化和氮化；而且钛铁的密度小，加入炉内以后，漂浮在钢液面上，所以钛的回收率波动很大，钢中钛的成分不易控制。为了确保钢中钛的成分，必须做好以下操作：在净沸腾时期应按 0.65%左右的质量加入锰铁，待全部除渣后，向赤裸钢液面加入 0.5kg/t 的硅钙块，或在稀薄渣下插入 0.5kg/t 的铝，以加强钢液的预脱氧。还原期应做好扩散脱氧的操作，加钛铁以前回炉渣量要适当，渣色应该稳定良好，不能发黄或发灰，流动性必须合适，钢液温度应控制在 1610~1635℃范围内，当以上条件具备时，方可向钢液中插入 0.8kg/t 的铝，以便进一步脱氧、定氮，然后加入钛铁（如果以上条件不具备时，不能加入钛铁）。钛铁的块度要严格控制，以采用 80~150mm 的块度为宜，块度过大或呈粉末状的对回收率影响大。钛铁的回收率按 40%~60%计算，当钢液温度高时，其回收率按中上限控制；温度低时则按中下限控制。钛铁加入后进行搅拌，然后再加入少量的硅铁粉（也可掺少量炭粉），紧闭炉门，使炉内保持良好的还原期气氛。

由于插铝加钛铁以后，炉渣中的硅被大量还原进入钢液，因此在加钛铁之前，调整钢中硅成分时应考虑到这个因素。根据某厂的操作条件，插铝加钛之后，一般钢液中的回硅量为 0.10%左右（包括钛铁带入的硅），所以钢中配硅量一般都按下限控制。

钛铁加入之后，7~12min 内出钢，出钢前应搅拌钢液，出钢时要求钢、渣同出，避免出钢时钛、铝在钢流中燃烧的现象。如采用异炉渣洗工艺时，则需拉出全部炉渣，然后再插铝和加入钛铁，当钛铁完全熔化后出钢渣洗。渣洗操作与 30CrMnSi 钢相同。

c 20CrMnTi 钢的浇铸工艺特点

20CrMnTi 钢多采用下注法浇铸，由于钢液较黏，流动性较差，应采用较大孔径的注口砖。

钢液在钢包内的镇静时间，需严格进行控制。为了使钢液内的气体和夹杂物逸出或上浮，应有较长的镇静时间，但要防止在钢液温度较低时，由于镇静时间过长而发生低温短锭现象。采用下注法浇铸质量为 2t 左右的钢锭时，镇静时间以 4~7min 为宜。如果采用异炉渣洗工艺，则镇静时间以 5~8min 为宜。

浇铸过程中，钢液在锭模内采用石墨渣保护，效果良好。浇铸速度的控制应使石墨渣不翻入模壁，钢液在模内不沸腾而平稳上升为准。帽口的填充时间为锭身浇铸时间的 2/3 到 1 倍。应采用中长流补注操作，不宜用细流补注或冲压补注。

20CrMnTi 钢易产生缩孔，浇铸完毕应注意加好发热剂和保温剂。

钢锭的起吊、坑冷、模冷和热送工艺制度和 30CrMnSi 钢相同。

模冷的钢锭在脱模后应堆放在不通风的地区，使钢锭得以缓慢地自然冷却，否则容易产生纵裂。

B 20GrMnTi 钢常见的缺陷和改进途径

a 低倍夹杂物

据资料介绍，低倍夹杂物是 20CrMnTi 钢经常发生的缺陷之一（20CrMnTi 钢的低倍夹杂也称为钛空隙），是钢中氧化物 TiO_2 和氮化物 TiN 的聚集。因为钛和氧、氮的亲和力很强，在加钛铁以前，钢液未能充分的脱氧和固定氮，钛铁加入后形成氧化物及氮化物，在镇静过程中未能完全上浮、排除而存在于钢内；或者是在出钢和浇铸过程中，钢液经过二次氧化生成的氧化物 TiO_2、氮化物 TiN 在钢内聚集所致。

消除低倍夹杂物的途径，是在向炉内加钛铁以前加强钢液的脱氧、固定氮操作。钛铁加入后，应在其完全熔化后出钢，避免出钢过程中有钛铁燃烧的现象。出钢过程中务必使钢、渣同出，并防止散流，以减少钢液的二次氧化。要有合适的出钢温度，使钢液在钢包内有充分的镇静时间。在浇铸过程中，应采取良好的保护浇铸方法。

b 力学性能不合

力学性能不合（主要是冲击韧性达不到）是采用小钢锭形式生产的 20CrMnTi 钢材的重要质量问题之一。国内许多单位对这一问题进行过研究，一致认为这与钢的化学成分控制有关；另外钢材的内在质量对力学性能也有影响。因此为了提高钢材的力学性能，在冶炼方面应注意以下操作：

（1）将钢的化学成分控制在一定范围，是保证钢材具有良好力学性能的基础。

20CrMnTi 钢中碳、钛含量及其相互配合对钢材的力学性能有很大影响。在冶炼过程中，钢中成品碳含量应控制在中下限，碳、钛含量差应控制在 (0.1±0.02)%范围内，但当碳、钛含量差小于 0.1%时，钢的力学性能将比碳、钛含量差大于 0.1%时为好，所以中限的碳含量应配以中限的钛含量，上限、下限的碳含量应分别配以相应的上限和下限的钛含量。

锰对增加钢的淬透性和渗碳过程有好处，所以成品钢中锰含量应控制在中上限为宜。

铬能提高钢的强度和增加钢的淬透性，在成品钢中的含量应控制在规格的中上限。

磷对钢的冲击韧性有很坏影响，因此成品钢中的磷含量越低越好。

（2）注意冶炼工艺参数对钢材的内在质量和力学性能的影响。根据某厂对 20CrMnTi 钢力学性能的调查研究指出，冶炼工艺参数对钢的力学性能有一定影响，如图 6-7～图 6-11 所示。

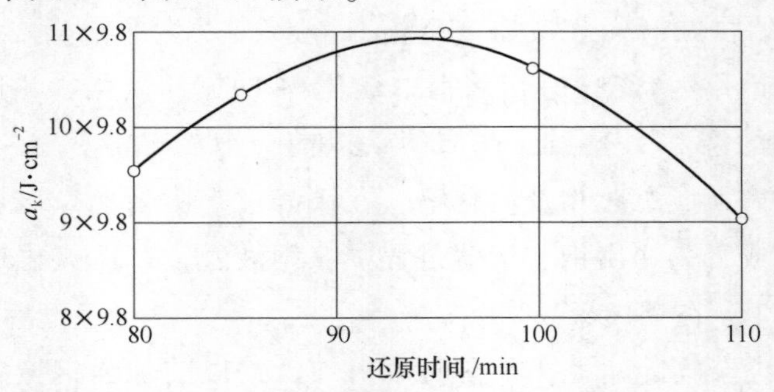

图 6-7 冶炼还原时间与 a_k 值的关系

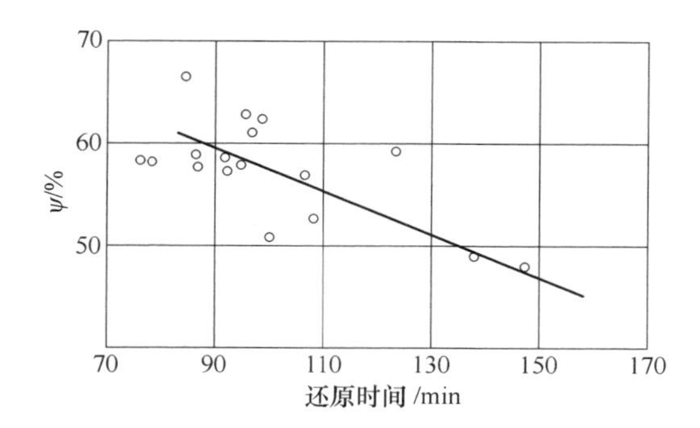

图 6-8 冶炼还原时间与断面收缩率的关系

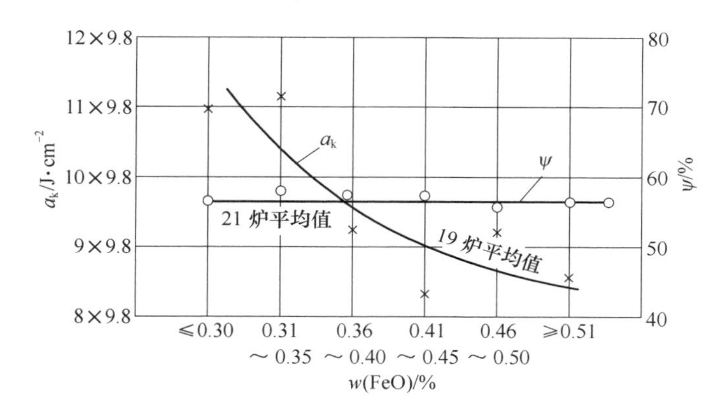

图 6-9 还原渣中氧化铁含量与 a_k 值的关系

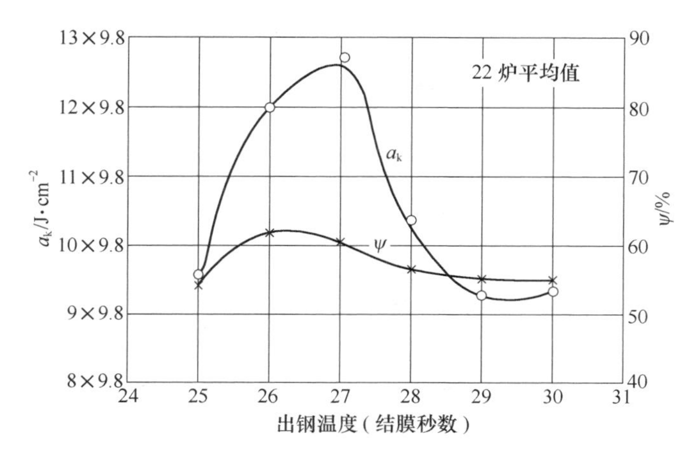

图 6-10 出钢温度与 a_k 值的关系

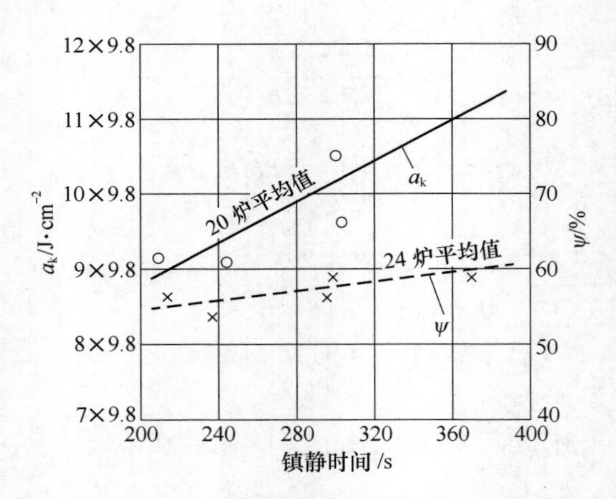

图 6-11 钢液在钢包内镇静时间与 a_k 值的关系

从图 6-7~图 6-11 中的一些曲线可以看出，操作工艺参数对钢材的力学性能有一定影响，凡是能降低钢中气体和夹杂物的操作，均有利于钢材力学性能的提高，否则必将降低钢材的力学性能。因此在冶炼 20CrMnTi 钢过程中，应当按照具体的条件，采用合理的操作制度，从而提高钢材的内在质量，这对提高钢材的力学性能是有好处的。

6.1.3.3 铬铝、铬钼铝及铬钨钒铝钢组

铬铝、铬钼铝及铬钨钒铝这三组钢均为氮化钢，氮化时，氮与铝、钒、铬、钼、钨等在钢的表面形成氮化物，使钢的表面层具有很高的硬度；而且形成的氮化物热稳定性也很高，当钢加热到 600~650℃ 时，仍能保持其硬度。

以氮化钢与渗碳钢相比，其氮化层的硬度与耐磨性均较渗碳层为高，所以经过氮化处理的零件经久耐用，性能较好；但由于氮化处理不仅费用比较贵，而且操作工艺复杂、费时，因此上述钢种除用于质量要求特殊的零件以外，一般不多采用。

A 铬铝、铬钼铝及铬钨钒铝钢的冶炼与浇铸工艺（以 38CrMoAl 钢为例）

a 38CrMoAl 钢的用途、性能与质量要求

（1）用途：38CrMoAl 钢为高级的氮化钢，有很好的氮化性能和力学强度，氮化处理后有高的表面硬度。这种钢主要用来制造具有高耐磨性，高疲劳强度以及热处理后尺寸要求精确的氮化零件，或各种受冲击负荷不大而耐磨性能高的氮化零件，如仿模、汽缸套、齿轮、滚子、检规、样板、高压阀

门、阀杆、橡胶及塑料挤压机、搪床的搪杆、蜗杆、磨床和自动车床的主轴等。

（2）性能：38CrMoAl 钢的化学成分、物理性能、力学性能，分别见表 6-15～表 6-17。

表 6-15 38CrMoAl 钢的化学成分

化学成分	C	Si	Mn	Cr	Mo
含量（质量分数）/%	0.35～0.42	0.20～0.40	0.30～0.60	1.35～1.65	0.15～0.25
化学成分	Al	S	P	Ni	Cu
含量（质量分数）/%	0.70～1.10	0.040	0.040	≤0.35	≤0.30

注：高级优质钢中，$w(S)\leqslant 0.030\%$，$w(P)\leqslant 0.035\%$，$w(Cu)\leqslant 0.25\%$。

表 6-16 38CrMoAl 钢的物理性能

临界温度（近似值）/℃			线膨胀系数 α						密度 γ /g·cm^{-3}
A_{c1}	A_{c3}	A_{r1}	100℃	200℃	300℃	400℃	500℃	600℃	
800	940	730	12.3×10^{-6}	13.1×10^{-6}	13.3×10^{-6}	13.5×10^{-6}	13.5×10^{-6}	13.8×10^{-6}	7.71

表 6-17 38CrMoAl 钢的力学性能

试样毛坯尺寸 /mm	热处理				
	淬火			回火	
	温度/℃		冷却剂	温度/℃	冷却剂
	第一次淬火	第二次淬火			
80	940	—	水、油	640	水、油

试样毛坯尺寸 /mm	力学性能					钢材退火或高温回火供应状态，布氏硬度压痕直径/mm
	抗拉强度 σ_b /MPa	屈服点 σ_s /MPa	伸长率/%	收缩率/%	冲击韧性 a_k /J·cm^{-2}	
30	≥1000	≥850	≥14	≥50	≥88.2	≥4.0

（3）质量要求：质量要求应符合相关的规定，与 30CrMnSi 钢相同。

b 38CrMoAl 钢的冶炼工艺特点

冶炼 38CrMoAl 钢多采用氧化法，其操作工艺与其他合结钢基本相同。

铝的合金化操作是 38CrMoAl 钢冶炼过程的关键。由于钢液中加铝以后，回硅量较多，因此稀薄渣料不能采用火砖块和硅石造渣，而只能用石灰和萤石造渣，石灰和萤石的比例为 2∶（1～0.8）。稀薄渣料的用量为 30kg/t，在稀薄渣下插铝块0.5kg/t。

38CrMoAl钢钢液在加铝操作时，需将还原渣全部扒除。加铝后，钢液较黏，流动性很差，温度散失较多。为了使钢中的气体、夹杂物充分逸出、上浮和给浇铸过程提供良好的条件，因此在还原期应采用高温精炼。

加铝的操作应在钢中硫、锰、铬、钼的含量等调整适当，钢液温度达到1620~1650℃以后进行。在加铝前应将炉内的还原渣全部扒除，然后计算加入的硅铁和铝锭，铝的回收率一般可按70%~85%计算。钢中加铝以后一般的回硅量为0.10%左右，因此在加铝时，钢中的硅含量应调整到规格下限。铝锭全部加入后，应充分搅拌，使其熔化。如不采用异炉渣洗工艺，应立即向炉内加入石灰和适量萤石，重新造渣，渣料的用量应为料重的2.5%左右（不宜过少），而后输入较大的功率化渣，并向炉内加入少量的铝粉，使保持良好的还原气氛，在加铝之后7~12min出钢，出钢要求迅速，以减少二次氧化。

如果采用$CaO-Al_2O_3$渣洗工艺，可在炉内铝锭全部熔清之后2min内出钢，进行渣洗。出钢过程中应掌握先慢后快地进行摇炉，待熔池上部的铝液倒出以后，再快速倒出钢液，使钢渣在钢包内激烈的搅拌，以提高渣洗的效果。

c 38CrMoAl钢的浇铸工艺特点

38CrMoAl钢多采用下注法浇铸。根据38CrMoAl钢钢液黏稠、流动性差、钢锭表面易产生缺陷和钢锭内部容易出现点状偏析等情况，从而决定了这一钢种的浇铸工艺特点。其钢包应采用比一般合结钢较大孔径的注口砖，如用下注法浇铸质量为2t左右的钢锭时，在容量为15~25t的钢包中，注口砖孔径一般采用60mm。钢液的镇静时间要严格控制，因为浇铸温度过低，不但影响钢液表面的质量，甚至会出现低温短锭；但又不能过高，若浇铸温度过高，钢锭内部可能产生点状偏析。钢液的镇静时间一般为3~7min，采用异炉渣洗时为4~8min。

为了改善钢锭的表面质量和内在质量，应选择合理的保护浇铸方法。在条件许可的情况下，最好采用$CaO-Al_2O_3$液体渣保护浇铸，如无此条件，也可采用石墨渣或固体渣保护浇铸。

浇铸时力求低温快速、平稳上升。钢锭浇铸完毕后，模冷2~4h，脱模后热装退火，或热送加工车间均热炉，退火曲线见表5-6。

钢锭表面的精整工作要做细，以确保轧制后的钢坯或钢材的表面质量。

B 38CrMoAl钢常见的缺陷和改进途径

a 点状偏析

点状偏析是38CrMoAl钢常见的缺陷之一，通常在钢锭的头部最为严重，在钢锭的中下部则较轻或不存在。

近几年，全国各钢厂和有关研究单位对此缺陷进行了大量的研究表明：在点状偏析地区，属于碳、磷、硫等元素的正偏析和铝的负偏析，未发现非金属夹杂物的聚集。

关于38CrMoAl钢点状偏析的形成原因，尽管目前还有争论。但许多冶金工作者都认为，钢中的气体和钢液在锭模中的结晶条件是形成点状偏析的主要因素。

（1）保护浇铸方法和锭型对点状偏析的影响：根据国内某厂研究得知，由于所采用的钢锭保护浇铸方法不同，钢锭中产生的点状偏析程度也不同，见表6-18。其中，用碱性液渣保护浇铸的钢锭，未发现有点状偏析缺陷存在。

表6-18 不同保护浇铸方法对钢锭中点状偏析的影响

锭型	保护浇铸方法	合格率/%		点状偏析平均级别/级		
		初试	初复试	初试	复试	初复试
1t圆锭	碱性液渣	100	100	0		0
	四氯化碳	100	100	0.12		0.12
	固体渣	50	50	1.7	2.4	2.12
1.1t方锭	碱性液渣	100	100	0.33		0.33
	石墨渣	50	60	1.47	1.55	1.52

注：1. 碱性液渣成分为CaO 50%～55%，Al_2O_3 40%～45%。

2. 固体渣成分为白渣粉50%，硅钙粉10%，磷酸钠20%，硅铁粉20%。

某厂为了进一步验证锭型对点状偏析的影响，又做了大量的试验，其结果见表6-19。从表6-19可以看出，在保护渣均为碱性液渣的条件下，1t圆锭的点状偏析情况比1.1t方锭好得多，特别是无点状偏析率有大幅度的提高。另外，小钢锭的点状偏析级别也比大钢锭要低。

表6-19 锭型对钢锭中点状偏析的影响

锭型	炉数/炉	初试结果			无点状偏析率/%	合格率/%	点状偏析平均级别/级
		0级	≤1.5级	≥1.5级			
1.1t方锭	20	2	15	3	10	85	0.75
1t圆锭	26	20	5	1	77	96.3	0.173

（2）点状偏析与钢中非金属夹杂物的关系：如前所述，在钢锭中点状偏析处无夹杂物聚集，经过几年来生产实践证明，点状偏析与钢材中非金属夹杂物之间确无明显的对应关系，见表6-20。

表6-20 点状偏析和钢材中夹杂物级别的关系 （级）

炉号	夹杂物级别		点状偏析级别
	氧化物	硫化物	
1	1.5 1.5 1.5 1.5 1.5	1.0 1.0 1.0 1.0 1.0	0 0.5
2	1.0 1.0 1.0 1.0 1.0	0.5 1.0 1.0 1.0 1.0	3.5 3.5
3	1.0 1.0 1.0 1.0 2.0	1.0 1.0 1.0 0.5 1.0	2.0 3.5
4	1.0 1.0 1.0 1.0 1.0	1.0 1.0 1.0 1.0 1.0	1.0 3.5
5	1.5 2.0 1.5 5.0 1.5	1.0 1.0 1.0 1.5 1.0	0 0.5
6	3.0 2.5 1.5 2.0 1.5	1.5 1.5 1.5 1.0 1.5	0.5 1.0

（3）电渣重熔对钢材点状偏析的影响：国内某厂曾以点状偏析不合格的155mm×155mm方坯作电极棒，通过电渣重熔炼成1t的钢锭，总共炼了36炉，并按正常工艺锻成155mm×155mm的方坯，然后逐支进行低倍检验，结果发现其点状偏析均为零级。

由此可见：钢锭的结晶条件与点状偏析的形成有很大关系。圆钢锭由于散热条件均匀，所以点状偏析的级别较低，说明钢液结晶过程均匀和快速冷却能降低或消除钢中的点状偏析。但是这个结论和采用不同保护浇铸方法浇铸钢锭的试验结果有矛盾，例如采用碱性液渣保护浇铸的钢锭，其周围有一层渣壳，散热条件比石墨渣保护的钢锭要差，因而钢液的结晶速度较慢，但是点状偏析得到了改善。经过研究，认为这种现象并非是偶然的，它与点状偏析的形成机理有关。从点状偏析在钢锭中的分布与形状对这一问题作了进一步分析，38CrMoAl钢的点状偏析主要分布在钢锭的中上部位，在横向低倍上呈点状分布，在纵向低倍上呈气体通道形状分布。图6-12和图6-13分别为采用石墨渣或碱性液渣保护浇铸钢锭的纵向低倍组织。

图6-12 石墨渣保护浇铸钢锭的纵向低倍组织（点状偏析4级）

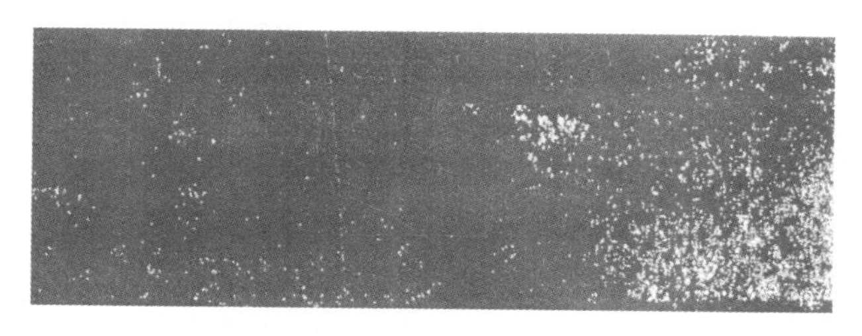

图 6-13 碱性液渣保护浇铸钢锭的纵向低倍组织（点状偏析 1.5 级）

根据点状偏析在钢锭中的分布和形状，以及用碱性液渣保护浇铸的钢锭能降低点状偏析这一事实，有些单位认为这与钢中的气体含量有关。在钢液结晶过程中，钢中气体溶解度降低，过饱和的气体（主要是氢气）向外析出，在柱状晶的前沿成为气泡，随着气泡逐渐长大。当具有足够的压力时，便会上浮、排除，在气泡上浮、排除的通道上，即被含有偏析元素的钢液所补充，形成点状偏析。由于采用碱性液渣保护浇铸的钢锭，有一层很厚的液渣覆盖在钢液表面上，因而导致钢液中的气体很难向外排除，这可能就是碱性液渣保护浇铸的钢锭点状偏析有所改善的基本原因。

钢中的气体和钢锭的结晶条件这两个因素，在形成点状偏析过程中各自起着何等的作用呢？分析认为：钢中气体的存在，以及气体在结晶过程中的析出，是钢液在结晶过程中的固有特性，而导致钢锭结晶的条件却来源于外部的因素。因此钢中气体的存在和析出是形成点状偏析的内因，而结晶条件则是形成点状偏析的外因。

根据以上分析：降低和消除 38CrMoAl 钢点状偏析的途径应为尽量降低钢中的气体含量（主要是氢气）。要达到这一目的，需在炼钢时采用干燥的炉料，在氧化期进行良好的沸腾去气，还原期时间不宜过长，出炉后钢液应有适当长的镇静时间和在低温快速的条件下进行浇铸，并采用合适的锭型和恰当的保护浇铸方法与之配合。

关于 38CrMoAl 钢点状偏析的形成机理，点状偏析对钢使用寿命的影响及其改进措施，目前国内许多单位正在进一步开展有关的试验研究工作，看法还不很一致，具体认识还有待于在实践中继续深化。

b 低倍夹杂

38CrMoAl 钢钢锭上经常产生表面夹杂或皮下夹杂等缺陷，如果不进行严格的精整和清理，轧制后，往往在钢坯表面上形成夹杂裂纹。表面夹杂和皮下夹杂的形成，主要是由于 38CrMoAl 钢的钢液较黏，而且很容易氧化，在浇铸过程中，浇铸速度没能很好地掌握，保护浇铸方法选择不当，以及保护渣的成分、温度、用量等控制得不合适，使保护渣较易地翻入钢锭皮层所致。

根据某厂经验，在浇铸过程中采用 $CaO-Al_2O_3$ 液体渣或固体渣保护浇铸，并控制合适的浇铸速度，采用低温快速浇铸，能有效地改善钢锭的表面夹杂和皮下夹杂（但采用固体渣保护浇铸的钢锭，点状偏析较严重）。

6.1.3.4 硼钢组

低碳硼钢：渗碳性能良好，经过渗碳和热处理以后具有高的抗张强度和疲劳强度，缺口敏感性很小。

中碳硼钢：经过淬火和高温回火以后，具有良好的综合力学性能。

硼钢在国内外已广泛用来制造汽车、飞机以及其他机器上的零件。使用含硼钢种，可以节省大量的铬、镍合金元素。

A 硼钢的冶炼与浇铸工艺（以40MnB钢为例）

a 40MnB钢的用途、性能和质量要求

（1）用途：40MnB钢具有高的强度和良好的韧性，多用于制造小截面的零件，例如汽车的转向臂、转向轴、半轴、蜗杆、刹车调整臂等，也可以作较大截面的零件，如 ϕ250~320mm卷扬机的中间轴等。

（2）性能：40MnB钢的化学成分、物理性能和力学性能分别见表6-21~表6-23。

表6-21 40MnB钢的化学成分

元素	C	Si	Mn	B
含量（质量分数）/%	0.37~0.44	0.20~0.40	1.10~1.40	0.001~0.0035

元素	S	P	Cr	Ni	Cu
含量（质量分数）/%	≤0.040	≤0.040	≤0.35	≤0.35	0.30

注：高级优质钢：w(S)≤0.030%，w(P)≤0.035%，w(Cu)≤0.025%。

表6-22 40MnB钢的物理性能

临界温度（近似值）/℃			
A_{c1}	A_{c3}	A_{r3}	A_{r1}
730	780	700	650

表6-23 40MnB钢的力学性能

试样毛坯尺寸/mm	热处理				
	淬火			回火	
	温度/℃		冷却剂	温度/℃	冷却剂
	第一次淬火	第二次淬火			
25	850	—	油	500	水、油

续表 6-23

试样毛坯尺寸/mm	力学性能					钢材退火或高温回火供应状态，布氏硬度压痕直径/mm
	抗拉强度 σ_b /MPa	屈服点 σ_s /MPa	伸长率 /%	收缩率 /%	冲击韧性 a_k /J·cm^{-2}	
25	≥1000	≥800	≥10	≥45	≥58.8	≥4.2

（3）质量要求：质量要求和其他合金结构钢相同，可参阅相关标准。

b　40MnB 钢的冶炼工艺特点

40MnB 钢多采用氧化法冶炼，操作过程和其他合金结构钢一样。

硼的合金化是硼钢冶炼工艺中的关键，因为硼与氮、氧有较大的亲和力，在常用的炼钢元素中，硼和氧、氮的亲和力仅次于铝和钛，同时硼铁的密度很小，不易沉入钢液，因此硼的回收率不够稳定，成品钢中的含硼量较难控制。

为了使成品钢得到合适的含硼量，必须在还原期认真细致地进行扩散脱氧操作，还原期的渣色一定要保持良好，流动性要合适；在加硼铁以前向钢中插铝 0.8kg/t 左右，用来进行钢液深部脱氧，随后加入 0.06%的钛铁，不计烧损，用以固定氮；在插铝和加钛铁以后，必须充分地搅拌钢液，然后停电向钢液内插入用铝皮或铁皮包好的硼铁，接着再插铝 0.5kg/t 左右，钢液在插硼铁后 1~2min 内出炉。

硼铁也可以在炉后钢包内加入，其具体操作方法是：出钢时在炉前插铝 1kg/t 左右，按不计烧损的要求，加入 0.06%的钛铁，充分搅拌钢液后，挡渣出钢。当钢液倒入钢包内 1/3 时，即随钢流将硼铁加入钢包中，以后掌握钢渣同出，争取快速出钢。

40MnB 钢的出钢温度一般控制在 1590~1615℃。

以上两种加入硼铁的方法，硼的回收率大都在 40%~60%。

c　40MnB 钢的浇铸工艺特点

40MnB 钢与其他结构钢一样，多采用下注法浇铸，当浇铸质量为 2t 的钢锭时，在 15~25t 钢包中，通常都采用 55mm 孔径的水口砖。

由于钢液中含有铝、钛、硼的氧化物和氮化物，所以钢液应有合适的镇静时间（一般为 4~7min），使夹杂物得到充分地上浮。

钢锭可采用热送、坑冷或退火。

40MnB 钢的其他浇铸工艺与一般合金结构钢相同。

B 40MnB 钢常见的缺陷和改进途径

a 钢材的淬透性不合

根据使用要求，40MnB 钢材需进行末端淬透性检验，在检验时有时会发生淬透性不合的现象。关于影响钢材淬透性的因素，从冶炼方面来说，主要决定于钢的化学成分。在 40MnB 钢中，硼对钢的淬透性影响很大。如前所述，硼与氧、氮有极大的亲和力，在钢液中硼极容易和氧及氮化合成氧化硼（B_2O_3）或氮化硼（BN）。由于在氧化硼和氮化硼化合物中的硼对提高钢的淬透性不起作用，因此要保证钢材具有理想的淬透性，主要是在冶炼过程中减少硼的氧化和氮化，使成品钢中的硼含量达到标准的范围并减少其偏析。为此，必须认真做好脱氧、固定氮及加硼铁的操作。

另外，恰当地控制钢中的碳、锰含量，对提高钢的淬透性也有好处。

b 钢材的冲击韧性不稳定

硼钢的冲击韧性不稳定，有时偏低，对这个问题，最近几年我国许多单位进行了仔细的研究，认为硼钢的冲击韧性与钢中的硼含量、碳含量有密切关系，见表 6-24 和表 6-25。

表 6-24 40MnB 钢中硼含量与冲击韧性的关系

硼含量/%	冲击韧性 a_k 的分布频率/%①			总炉数/炉
	$a_k \geq 78.4J/cm^2$（良好）	$a_k = 68.6J/cm^2$（合格）	$a_k < 68.6J/cm^2$（不合格）	
0.0006~0.0015	100	0	0	6
0.0016~0.0025	87	6.5	6.5	92
0.0026~0.0035	77	12	11	100
0.0036~0.0045	71	16.5	12.5	24
0.0046~0.0055	16.7	66.6	16.7	6

①指一次检验结果。

表 6-25 40MnB 钢中碳含量与冲击韧性的关系

碳含量/%	冲击韧性 a_k 的分布频率/%			总炉数/炉
	$a_k \geq 78.4J/cm^2$（良好）	$a_k = 68.6J/cm^2$（合格）	$a_k < 68.6J/cm^2$（不合格）	
0.37~0.38	90.9	9.1	0	11
0.39~0.40	89.6	5.2	5.2	58
0.41~0.42	80.4	9.8	9.8	112
0.43~0.45	60.9	23.9	15.2	46

从表6-24和表6-25可以看出，随着钢中硼含量和碳含量的增高，其冲击韧性则逐渐降低，这是对硼钢冲击韧性不稳的初步认识。随着长期来的生产实践和试验研究工作，人们对钢中碳、硼元素与冲击韧性的关系，又有了进一步认识。最近，某厂根据试验研究的结果指出：当钢中的硼含量超过0.003%时，所形成的碳硼化合物就有可能沿奥氏体晶界析出，形成断续的网，使钢变脆。碳硼化合物的形状如图6-14所示。

图6-14 40MnB钢的碳硼化合物（3.0级，×200）

钢中碳、硼含量越高，碳硼化合物的析出也就越多，相应地钢材的冲击韧性便越低。

有的科研单位经研究后指出：在40MnB钢中可能出现的碳硼化合物有 $Fe_3(B,C)$ 和 $Fe_{23}(B,C)_6$ 两种，其中 $Fe_3(B,C)$ 中的硼是固溶在渗碳体中的硼（硼原子置换了碳原子）；$Fe_{23}(B,C)_6$ 是一种三元化合物，晶体结构与 $Cr_{23}C_6$ 相同，而且只有当碳和硼都存在时才出现。当钢材加热到850℃淬火后，碳硼化合物仍未固溶到奥氏体中去；若钢中的硼含量为0.001%时，只有分散的 $Fe_3(B,C)$ 小颗粒留在晶界上。而当钢中的硼含量大于0.003%时，会有断续的 $Fe_{23}(B,C)_6$ 网留在晶界上，这样便会导致钢材的质量变脆。

当钢材加热到900℃以上时，碳硼化合物便开始固溶，同时，$Fe_{23}(B,C)_6$ 不再是稳定相，而逐渐转变为 $Fe_3(B,C)$。因此，钢材在900~950℃时预先正火，可以破坏 $Fe_{23}(B,C)_6$，从而改善钢的韧性。

综上所述：为了保证钢材具有较好的冲击韧性，在冶炼操作中，应将钢中的硼含量控制在0.003%以下。

6.2 滚珠轴承钢

6.2.1 滚珠轴承钢的用途、性能及其质量要求

6.2.1.1 滚珠轴承钢的用途

滚珠轴承钢大部分（90%以上）是用来制造轴承的；少部分用来制造油泵、油嘴及其他工具、模具等。

轴承是现代各种机械设备、仪表和交通工具必不可少的重要部件之一，随着工农业生产的飞跃发展，机械化、自动化程度的不断提高，各行业对滚珠轴承钢的数量和质量要求越来越高。因此，不断增加滚珠轴承钢的产量，提高滚珠轴承钢的质量，对配合国民经济的发展具有十分重要的意义。

6.2.1.2 滚珠轴承的工作条件及其受力情况

轴承在运转过程中，需承受交变载荷、离心力、摩擦力和侵蚀四种力的综合作用。

A 交变载荷

轴承在运转过程中，工作条件十分复杂，如图 6-15 所示。在每一转动瞬间，只有位于轴承水平直径以下的那些滚动体在承受着载荷，而且这些滚动体上的载荷分布也不均匀。一般认为作用力 R 的分布遵守余弦定律，即：

$$R = P\cos\theta$$

因此，直接位于作用力 P 下方的滚动体承受着最大的载荷（这时 $\theta=0°$，$\cos\theta=1$），而且载荷作用于滚动体的一点（滚珠）或一条线（滚柱）上。当轴承高速运转时，滚动体和轴承套圈的表面各点都交替地承受着载荷，力的变化由零增加到最大，再由最大减小到零，周而复始地增大和减小。根据计算，在这些接触面上的最大应力可达 300~500kg/mm（3~5kN/mm^2）。

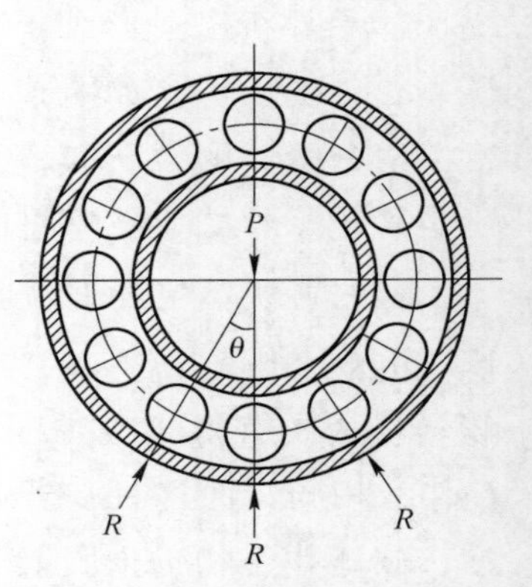

图 6-15 轴承中载荷分布示意图

B 离心力

每个滚动体除了受到外加载荷外，还受到由于离心力所引起的负荷，它随轴承转速的增加而增大。对高速运转的轴承来说，这是不能忽视的。

C 摩擦力

在轴承运转过程中，滚动体和内外套圈之间有很大的摩擦，主要是滚动摩擦，也有滑动摩擦，这种摩擦力往往也是导致轴承报废的原因之一。

D 侵蚀

滚动轴承的工作面还受到水分、杂质及润滑油的侵蚀。

在上述四个因素的综合作用下，轴承在工作中常表现为两种破坏方式：

第一种破坏方式是接触疲劳破坏，当滚动轴承使用一定时间后，在滚动体和轴承套圈工作面上会出现凹坑，使运转平衡遭到破坏，导致最后的报废。它的产生过程是反复应力→疲劳显微裂纹→宏观裂纹→块状剥落→冲击滚动→破坏。在距轴承工作表面一定深度存在的非金属夹杂物集聚、碳化物偏析及其他缺陷是产生疲劳显微裂纹的发源地，所以，需要对这类缺陷进行讨论和研究。第二种破坏方式是磨损破坏，引起破坏的主要原因是滑动摩擦下切应力的作用。

6.2.1.3 对滚珠轴承钢材的基本要求

针对上述两种破坏情况，对滚珠轴承钢材提出了以下两点基本要求。

A 保证轴承有高的力学性能

轴承的力学性能包括：

（1）高的抗疲劳强度，尤其是抗接触疲劳强度，保证滚珠轴承在承受较大的载荷下有较长的使用寿命；

（2）高的耐磨性，也就是要求有高的硬度和合适的显微组织；

（3）高的强度和一定的冲击韧性；

（4）高的弹性极限，减少或避免由于高的集中应力所造成的永久变形，以承受动的或静的载荷。

B 保证轴承的热处理性能

轴承的热处理性能包括：

（1）高的淬硬性和淬透性，保证轴承在淬火后获得高的表面硬度（HRC值大于60），且沿横截面硬度分布均匀；

（2）尺寸稳定性，轴承钢在热处理过程中发生相变时，体积变化要小；

（3）耐腐蚀性能，保证轴承在大气和润滑剂中，在含有酸、碱杂质或潮湿介质中，有一定的耐腐蚀能力。

6.2.1.4 对滚珠轴承钢材的质量要求

为了满足上述种种的使用要求，从冶炼生产角度对不同用途的轴承钢提出了不同的技术条件，目前，我国一般用途的轴承钢，均按相关技术条件生产。

A 化学成分

轴承钢的化学成分见表6-26。

表 6-26 轴承钢的化学成分

钢号	化学成分（质量分数）/%							
	C	Mn	Si	Cr	S	P	Ni①	Cu①
GCr6	1.05~1.15	0.20~0.40	0.15~0.35	0.40~0.70	≤0.020	≤0.027	≤0.30	≤0.25
GCr9	1.00~1.10	0.20~0.40	0.15~0.35	0.90~1.20				
GCr9SiMn	1.00~1.10	0.90~1.20	0.40~0.70	0.90~1.20				
GCr15	0.95~1.05	0.20~0.40	0.15~0.35	1.30~1.65				
GCr15SiMn	0.95~1.05	0.90~1.20	0.40~0.65	1.30~1.65				

①w(Ni+Cu)≤0.5%。

B 钢的低倍要求

轴承钢必须无缩孔，无皮下气泡和白点，断口必须均匀，呈瓷状的丝闪光泽，没有肉眼可见的夹杂物和夹层。轴承钢的低倍疏松、偏析的情况应符合表 6-27 的规定。

表 6-27 轴承钢的低倍疏松、偏析的评级要求 （级）

中心疏松	一般疏松		偏析
	ϕ≤100mm	ϕ>100mm	
≤1.5	≤1	≤2	≤2

C 钢的高倍要求

非金属夹杂物分 4 级评定，其级别应符合表 6-28 规定。

表 6-28 轴承钢的高倍夹杂物检验要求

规格及状态	脆性夹杂	塑性夹杂	点状不变形夹杂
冷拉及 ϕ≤30mm 退火材	≤2.0	≤2.5	≤2.5
ϕ>30~60mm 退火及 ϕ≤60mm 不退火材	≤3.0	≤3.0	≤3.0
ϕ>60mm 材	≤3.5	≤3.5	≤3.5

轴承钢的碳化物带状评级应符合表 6-29 的规定。

表 6-29 轴承钢的碳化物带状检验要求

规格及状态	碳化物带状级别/级
冷拉及 $\phi \leqslant 30$mm 退火材	≤2.5
$\phi > 30 \sim 60$mm 退火材	≤3.0
$\phi \leqslant 60$mm 不退火材	≤3.5
$\phi > 60$mm 材	≤3.5

轴承钢的碳化物液析评级应符合表 6-30 的规定。

表 6-30 轴承钢的碳化物液析检验要求

规格及状态	碳化物液析级别/级
冷拉及 $\phi \leqslant 30$mm 退火材	≤1.0
$\phi > 30 \sim 60$mm 退火材	≤2.0
$\phi \leqslant 60$mm 不退火材	≤2.5
$\phi > 60$mm 材	≤3.0

D 钢的物理性能

轴承钢的物理性能见表 6-31。

表 6-31 轴承钢的物理性能

钢号	临界温度（近似值）/℃				比热 c_p			导热系数 λ	线膨胀系数 α				密度 γ /g·cm^{-3}	弹性模数 E
	A_{c1}	A_{cm}	A_{r3}	A_{r1}	45℃	525℃	981℃	20℃	100℃	200℃	400℃	600℃		20℃
GCr6	725~750			690~710				0.0996					7.74~7.81	21000~22000
GCr9	730	887	721	690	510.79	787.12	728.5	0.0964① 0.0880②	13.0×10^{-6}	13.9×10^{-6}	15.0×10^{-6}	15.3×10^{-6}	7.79	21000~22000
GCr9SiMn	738	775	724	700										
GCr15	745	900	—	700	552.66	787.12	728.5	0.0958① 0.0877②	14×10^{-6}	15.1×10^{-6}	15.6×10^{-6}	15.8×10^{-6}	7.81	21000~22000
GCr15SiMn	770	872	—	708										21000~22000

①900℃退火；②1000℃淬火。

6.2.2 滚珠轴承钢中主要合金元素的作用

目前，高碳含铬轴承钢中各元素的含量，各国都很接近。表6-32列举了国外与我国GCr15钢成分相近的某些轴承钢。

表6-32 国外与我国GCr15钢成分相近的某些轴承钢

（质量分数，%）

牌号	C	Mn	Si	Cr	P	S	Ni	Cu
GCr15（中国）	0.95~1.05	0.20~0.40	0.15~0.35	1.30~1.65	≤0.027	≤0.020	≤0.30	≤0.25
SKF3（瑞典）	0.95~1.05	0.25~0.35	0.25~0.35	1.40~1.65	≤0.028	≤0.020	≤0.20	—
SAE521001018（美国）	0.95~1.10	0.25~0.45	0.20~0.35	1.30~1.65	≤0.025	≤0.025	≤0.35	≤0.25
IIIX15（苏联）	0.95~1.05	0.20~0.40	0.17~0.37	1.30~1.65	≤0.027	≤0.020	≤0.30	≤0.25
SUJ2（日本）	0.95~1.10	≤0.50	0.15~0.35	1.30~1.60	≤0.030	≤0.030	—	—
E.N.31（英国）	0.90~1.20	0.30~0.75	0.10~0.35	1.00~1.60	≤0.050	≤0.050	≤0.35	≤0.25
100Cr6（德意志民主共和国）	0.95~1.05	0.25~0.40	0.15~0.35	1.40~1.65	≤0.025	≤0.020	—	—
RIV（意大利）	0.95~1.10	0.30~0.50	0.15~0.35	1.40~1.65	≤0.030	≤0.030	—	—

6.2.2.1 碳的作用

铬轴承钢中的碳含量一般在0.90%~1.15%范围内，属于过共析钢，经过淬火和回火后，具有较高的强度、硬度和疲劳极限。它的显微组织是在回火马氏体的基体上分布着细小的粒状碳化物。一般来说，马氏体基体中含碳量为0.5%~0.6%，其上分布着6%~8%过剩碳化物时，轴承的强度、硬度、抗疲劳性、耐磨性都较好；含碳量太少，过剩碳化物少，则耐磨性差；含碳量太高，则增加钢的脆性，引起严重的碳化物偏析，甚至造成大块碳化物，影响轴承的使用寿命。

6.2.2.2 铬的作用

铬是碳化物的形成元素之一，碳化物的形状、颗粒大小和分布，对钢的耐磨性能和接触疲劳强度有很大的影响。碳素钢的缺点之一，是经过退火后的过共析钢渗碳体颗粒大小极不均匀，在退火时稳定性差，溶解快，聚集长大也快。在含碳1%的过共析钢中，加入强碳化物的形成元素铬以后，形成含铬合金渗碳体 $(Fe, Cr)_3C$，它在退火时比较稳定，不易集聚长大，碳化物颗粒比较细小均匀，保证了钢的硬度、强度、耐磨性及抗疲劳性能。另外，铬的加入，使钢具有较高的淬透性，淬火后能够减小钢材断面中心与边部的淬火硬度差。钢中含铬量越高，则淬透性越好。因此，由于使用尺寸不同，轴承钢中含铬量的要求也不同。但含铬量过高（1.65%以上），会使马氏体转变点下降，从而使钢中的残留奥氏体增多，影响轴承的精确度和稳定性。另外，由于铬的加入，还有益于提高轴承钢抗润滑介质的腐蚀性能。

6.2.2.3 锰的作用

钢中加入锰能消除或减弱因硫的存在而引起的热脆，使热加工性能得到改善。锰是弱脱氧剂，能与硅、铝生成复合脱氧产物，有利于夹杂的排除，因此一般钢中都含有锰。

锰作为合金元素，由于它部分地溶于铁素体，增加了铁素体的强度和硬度。同时，锰能够显著地提高钢的淬透性。当钢中的含锰量达到1.00%~1.20%时，能使钢的强度提高，而塑性则不受影响。但如继续提高含锰量，将会降低钢的马氏体转变点，从而增加了淬火钢中残余奥氏体的含量。此外还会使钢的晶粒易于长大，增加钢的过热敏感性，增大形成淬火裂纹的倾向。

6.2.2.4 硅的作用

硅也是一种脱氧剂，比锰的脱氧能力还强，钢中含有硅，能提高铝的脱氧能力。

硅在钢中不形成碳化物，而是以固溶体的形态存在于铁素体或奥氏体中，它能提高固溶体的强度。锅中含有适量的硅能提高弹性极限、屈服强度和疲劳强度。

在铬钢或铬锰钢中加入硅，能显著提高钢的淬透性。因此大截面的轴承钢采用含硅量较高的GCr15SiMn钢。

硅的缺点是会增加高碳钢的过热和产生裂纹的倾向性，加剧脱碳现象和石墨化倾向。

6.2.3 滚珠轴承钢的冶炼与浇铸工艺

滚珠轴承钢可用氧化法冶炼，也可用返回吹氧法冶炼，而目前各厂大都采用氧化法冶炼。在氧化法冶炼工艺中，根据其还原操作的不同，又可分为白渣法和氧化性异炉渣洗两种。对于硅、锰轴承钢则宜用白渣法冶炼，因为用氧化性异炉渣洗冶炼时，点状夹杂物的评级太高。

6.2.3.1 对炉体和炉料的要求

冶炼滚球轴承钢时，对炉体、炉料的要求，各厂观点基本一致，即炉体要求良好，一般都安排在炉龄中期冶炼。炉料则要求清洁、少锈，熔清后要有合适的化学成分，表6-33是某厂滚珠轴承钢炉料熔清后的化学成分要求。

表6-33 某厂滚珠轴承钢炉料熔清后的化学成分要求

（质量分数，%）

元素	C	Mn	Si	P	S	Cr	Ni	Cu
熔清后成分	成品规格中限 +0.35~0.60	≤0.30	≤0.05	≤0.04	≤0.05	≤0.30	≤0.25	≤0.20

6.2.3.2 冶炼操作

A 白渣法冶炼

采用白渣法冶炼时，氧化期开始加矿脱碳的温度不低于1580℃，氧气、矿石综合脱碳量不低于0.30%，矿石用量20kg/t，从加矿脱碳开始到拉氧化渣的时间不低于30min，确保在高温下氧化脱碳沸腾激烈、持续、在熔池各部位均匀地进行，净沸腾时间要不低于10min，在净沸腾时间内最好将锰的含量调整到0.30%，出渣温度为1565~1585℃，出渣前钢水中磷含量不大于0.010%，碳含量不小于0.80%，尽量做到出渣后不用炭粉增碳或少用高碳铬铁增碳。

滚珠轴承钢的还原期操作比较复杂，目前还原期的造渣制度大致有以下三种：

第一种：稀薄渣→白渣→出钢；

第二种：稀薄渣→电石渣→白渣→出钢；

第三种：稀薄渣→弱电石渣→白渣→出钢。

（1）还原期全程白渣法的操作：某厂白渣法冶炼滚珠轴承钢，还原期操作工艺为：扒除氧化渣后，加入石灰20kg/t、萤石5~8kg/t、硅石5kg/t，造稀薄渣；渣料加毕后，即插铝0.5kg/t，接着按成品化学成分的下限规格加入合金，待稀薄渣化匀，在渣面上加入电石1.5~2kg/t、炭粉0.5~1.0kg/t，造白渣；白渣保持10~15min后，再加入硅铁粉1~2kg/t（分2~3批加入），继续造白渣扩散脱氧，在白渣保持期间，进行2~3次钢水成分分析和测温，整个还原期应加强搅拌工作；当白渣保持时间不小于30min、钢水中硫含量不大于0.030%、硅含量不小于0.10%、温度控制在1565~1585℃时，即可调整化学成分，经10min后，插铝1kg/t，接下来立即出钢。对于硅锰轴承钢则先插铝1.5kg/t（在出钢前10~15min插入炉内），再调整化学成分，经10min后，则可出钢。实践证明，这种插铝形式对减少钢中点状夹杂物有一定好处。同时，无论是硅锰轴承钢或一般轴承钢，出钢时都要求渣、钢同出，搅拌激烈。

（2）电石渣→白渣法的操作：扒除氧化渣后，加入稀薄渣料。稀薄渣的配比和用量与白渣法相同，预脱氧插铝量也为0.5kg/t，合金也按成品规格的下限加入，稀薄渣化匀后，加入电石1.5~2.0kg/t，炭粉2~4kg/t，紧闭炉门和电极孔，采用大功率送电造电石渣，要求电石渣中的CaC_2含量为2%~4%。电石渣保持40min以上，再打开炉门，破坏电石渣，改用硅铁粉造白渣。当钢液温度以及硫、硅的含量符合全程白渣法的要求后，即可调整化学成分和插铝出钢，这一阶段的操作与全程白渣法相同。

（3）弱电石渣→白渣法的操作：其操作过程基本上与电石渣→白渣法相同；只是电石和炭粉的用量介于全程白渣法和电石渣法之间（其中电石用量为1.5~2.0kg/t，炭粉用量为1~3kg/t）。

上述三种还原制度，只要掌握恰当并和各方面的工艺因素配合得好，都能炼出质量合格的轴承钢；问题在于在上述三种还原制度中，电石渣的操作比较复杂，不易掌握，而一旦掌握不好，对钢的质量影响就较大。以白渣操作与电石渣操作相比，显然要简便得多，掌握起来比较容易，质量也比较稳定，近年来，正在逐步趋向于使用白渣或者弱电石渣的还原制度。

B 氧化性异炉渣洗冶炼

熔化期、氧化期的操作方法和白渣法冶炼时一样，第一批铬铁在氧化末期净沸腾时按成品规格下限加入，但特别强调在加铬铁时钢液要有足够的氧化性，所以希望在氧化前期操作中多流渣去磷，氧化后期则少流渣，还要防止脱碳过低，因为脱碳过低，将被迫采用电极增碳，会降低钢液的氧化性。铬铁加入后，进行二次成分分析，当钢水中 S 含量不大于 0.030%，温度在 1580～1600℃时（因为出钢前还要拉渣降温，所以出钢温度比白渣法稍高些），即可根据分析结果对成分作最终调整，同时验收合成渣；调整合金加入后，经 10min 左右，若合成渣已符合要求，即可扒除全部炉渣，进行出钢渣洗。出钢三分之一后随钢流按成品硅含量的中上限加入硅铁，硅铁回收率按 90%～95%计算。出钢混冲要求激烈。出钢完毕，钢包中按 0.8kg/t 插入铝块，插铝后进行搅拌，其基本操作流程大致如下：

全熔分析→测温氧化→分析和补渣料→继续氧化→测温分析→搅拌分析→配加合金→搅拌分析、预测温→搅拌分析并测温→调整成分→扒渣全部→出钢时随钢流加硅铁→钢包中插铝→镇静→浇铸。

6.2.3.3 浇铸操作

（1）对钢包的要求：轴承钢的纯净度要求较高，检验时对夹杂物的评级也特别严，因此对钢包的清洁工作必须给以足够地重视，最好不用新钢包或损坏比较严重的钢包。某厂规定：新钢包以及挖修或换桶底的钢包一律不用。轴承钢对白点的敏感性也比较强，所以对钢包的烘烤工作也要很好注意，在出钢前钢包内衬需烘得呈暗红色，钢包吊到出钢坑后，要及时出钢。另外，如钢包机构失灵，对钢质量的影响也很大。因为当钢包失灵被迫调换后，由于钢液再次氧化，及钢包内衬进一步受到侵蚀，而且镇静时间又极短，必将导致成品钢中的夹杂物大量增加，所以在钢包的安装和烘烤过程中必须加强检查工作。

（2）镇静时间：只有具备足够的镇静时间，才能保证钢中夹杂物的充分上浮。滚珠轴承钢钢液的熔点比较低，流动性也比较好，在耐火材料许可的情况下，有条件适当延长镇静时间，通常其镇静时间可比一般钢种延长一倍以上。某厂 25t 钢包，用下注法浇铸 2～3.15t 钢锭时，镇静时间常控制在 10～15min。

（3）保护浇铸方法和注速：滚珠轴承钢大多用下注法浇铸，钢液在模内上升时可采用木框保护或用石墨渣保护。当用木框保护时，其适宜注速为钢液在模内以小花膜亮圈或薄膜亮圈上升；当用石墨渣浇铸时，做到模壁不沸腾，石墨渣不翻入模壁，平稳上升即可。

（4）补注要求：滚珠轴承钢由于含碳量高，以及钢液在凝固时收缩量大，因此其缩孔和中心疏松情况比较严重，浇铸时必须有良好的补注。通常，帽口的浇铸时间为锭身浇铸时间的2/3到1倍。帽口应采用中长流补注，不宜采用细流补注，因为钢流过细，会使钢液二次氧化严重，增加钢锭底部的氧化物夹杂。

（5）冷却要求：滚珠轴承钢的导热性较一般碳钢要低，因此钢锭在冷却过程中，产生裂纹的倾向性较大。为了防止钢锭开裂，需进行坑冷、热装退火或热送。某厂规定2~3.15t的钢锭在浇铸完毕1.5h后，方可起吊进行坑冷、热装退火或热送。坑冷时，保温坑内不得有水，并需先将保温坑预热，然后吊入钢锭缓冷，一般缓冷到300℃以下方才出坑。热装退火时，应先将退火炉加热到600℃左右，钢锭脱模后吊入退火炉时要迅速，升温要慢（升温速度不大于80℃/h）而均匀，滚珠轴承钢的退火曲线见表5-6。热送时，钢锭可不脱模或脱模后放在保温平板车内，直接送轧钢或锻钢车间，一般要求在进加热炉前，钢锭温度不低于750℃。

（6）精整：钢锭在精整时，采用砂轮进行研磨，表面不能发蓝，以免在发蓝区引起细微裂纹，更不能用火焰处理。

6.2.4 滚珠轴承钢的常见缺陷及其改进途径

6.2.4.1 非金属夹杂物

A 非金属夹杂物对滚珠轴承钢使用寿命的影响

滚珠轴承钢的质量优劣，主要取决于钢中非金属夹杂物的沾污程度，以及碳化物偏析的严重性和是否存在其他高倍或低倍缺陷。其中尤以非金属夹杂物影响最大，因为轴承在运转过程中，由于钢中夹杂物的严重沾污，在反复应力的作用下，会引起应力集中，造成疲劳裂纹，而使轴承易于损坏；另一方面，由于滚珠轴承钢的基体硬，而且使用时承受的应力大，所以夹杂物的有害作用表现得更为突出。因此，滚珠轴承钢对夹杂物的限制特别严格。但是，钢中存在着一定数量的夹杂物又是在所难免的，钢的纯洁度只有相对意义，所以应该按照钢的性能和使用要求，尽可能地控制钢中所含非金属夹杂物的数量、类型、大小和分布情况，从而把非金属夹杂物对轴承寿命的影响降低到最低限度。表6-34是白渣法与氧化性异炉合成渣渣洗冶炼GCr15钢质量的比较。

表 6-34 白渣法与氧化性异炉合成渣渣洗冶炼 GCr15 钢质量的比较

冶炼工艺	炉数/炉	试片数/片	平均评级/级		
			氧化物	硫化物	点状夹杂
白渣法	584	4382	1.76	1.14	0.36
氧化性异炉合成渣渣洗	82	1102	1.19	0.69	0.69

a 夹杂物的数量

某厂曾对 4500 只 1309 型轴承进行过寿命试验，并将首先失效的 450 只轴承套圈进行解剖（仅考虑大于 30μm 的夹杂），其结果列于图 6-16，从图 6-16 可以清楚地看出，轴承的疲劳寿命明显地随着大于 30μm 的氧化物夹杂物数量的增加而下降。

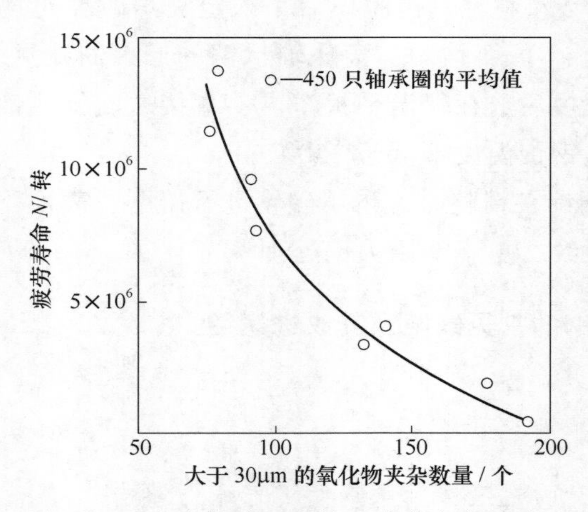

图 6-16 夹杂物数量与轴承疲劳寿命的关系

另一个简单实例也得出了相同的趋势：将一炉氧化物夹杂含量较高（比一般含量高出 4 倍）的钢制成轴承，进行疲劳试验，其结果见表 6-35。

表 6-35 氧化物夹杂数量与轴承疲劳寿命的关系

炉 号	10%轴承开始失效的转数 (L_{10})	50%轴承开始失效的转数 (L_{50})
氧化物夹杂含量比一般含量高 4 倍的炉号	5×10^6	12×10^6
氧化物夹杂一般含量的炉号	10×10^6	43×10^6

国外有人认为：轴承的疲劳寿命与 Al_2O_3（刚玉）和硅酸盐夹杂数量的关系，可用一个经验公式来表示：

$$\lg L = 1.718 - 0.035m - 0.079n$$

式中 L——接触疲劳寿命，在一定载荷下出现疲劳剥落凹坑时的转数；

m——不小于 20μm 的硅酸盐夹杂颗粒数；

n——不小于 20μm 的刚玉颗粒数。

此式表明，Al_2O_3（刚玉）和硅酸盐夹杂对轴承的疲劳寿命影响很大，而且 Al_2O_3 夹杂导致疲劳寿命下降的影响较硅酸盐夹杂更大。

b 夹杂物的类型

因为夹杂物与钢基体的性质不同，所以当轴承经受温度和应力的变化时，夹杂物和钢基体的变形也不同，常在它们的接触面上产生裂纹；这种裂纹在受力情况下就会产生应力集中并逐渐扩大，最后造成钢在这个地区开裂或剥落，使轴承不能继续使用。

不同类型的夹杂物对轴承局部地区开裂的影响也不同，这主要与夹杂物本身的物理性能如线膨胀系数等有关。

某些非金属夹杂物的平均线膨胀系数见表 6-36。

表 6-36 某些非金属夹杂物的平均线膨胀系数

夹杂物类型	平均线膨胀系数 α
TiN	9.4×10^{-6}（0~700℃）
MnS	18.1×10^{-6}（0~700℃）
Al_2O_3	8.1×10^{-6}（0~550℃）
$CaO\cdot2Al_2O_3$	5.0×10^{-6}（0~850℃）
$MgO\cdot Al_2O_3$	8.4×10^{-6}（0~700℃）
$CaO\cdot Al_2O_3$	6.5×10^{-6}（0~800℃）
GCr15	15.2×10^{-6}（0~850℃）

当轴承在淬火快冷时，由于膨胀系数不同，在某些夹杂物与钢基体之间会产生显微应力，该应力值与夹杂物和钢基体膨胀系数的差值成正比（当夹杂物的膨胀系数比钢的膨胀系数小时）。夹杂物的膨胀系数越小，则夹杂物和钢基体间的应力越高。由表 6-36 可见，$CaO\cdot2Al_2O_3$、$CaO\cdot Al_2O_3$ 夹杂对 GCr15 钢基体的危害性比 Al_2O_3 大，其次是 $MgO\cdot Al_2O_3$ 及 TiN。而 MnS 的膨胀系数比 GCr15 大，所以在水淬时，MnS 夹杂和 GCr15 钢基体之间会产生空穴，而不引起应力，对钢的疲劳寿命危害不大。据某些资料介绍，当轴承钢中的氧化物或点状夹杂物被硫化物包围时，在淬火过程中，这一硫化物包围层将成为一层“垫子”，大大地减小了氧化物及点状夹杂物四周的显微应力。不少科学实验证明，轴承钢中含有一定量的硫化物对疲劳寿命影响不大，甚至有利。

不同类型的非金属夹杂物对轴承钢的接触疲劳性能的不同影响，还取决于夹杂物的塑性好坏。如果夹杂物在热加工温度下塑性好，便能与金属基体同时变形，从而对疲劳性能的影响就小；如果塑性差（即脆性大）则不能与钢基体同时变形，从而对疲劳性能的影响就大。因为脆性的不变形的夹杂物颗粒，当与金属相对地发生塑性流动时，它会使金属基体“划伤”，这种“划伤”往往就是轴承在使用时出现疲劳裂纹的胚芽。

c 夹杂物的大小

夹杂物的颗粒尺寸越大，对轴承寿命的影响也越大。图 6-17 和图 6-18 中示出了氧化物夹杂和点状夹杂的颗粒大小与轴承寿命的关系。由图 6-17 和

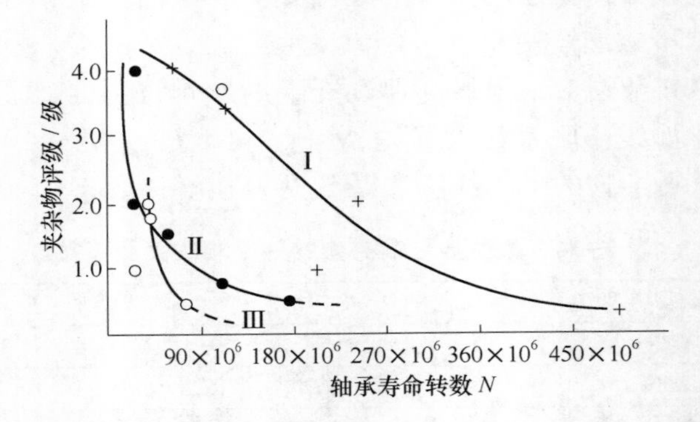

图 6-17 链状氧化物夹杂对轴承疲劳寿命的影响

Ⅰ—ϕ=18.6mm；Ⅱ—ϕ=15.0mm；Ⅲ—ϕ=13.0mm

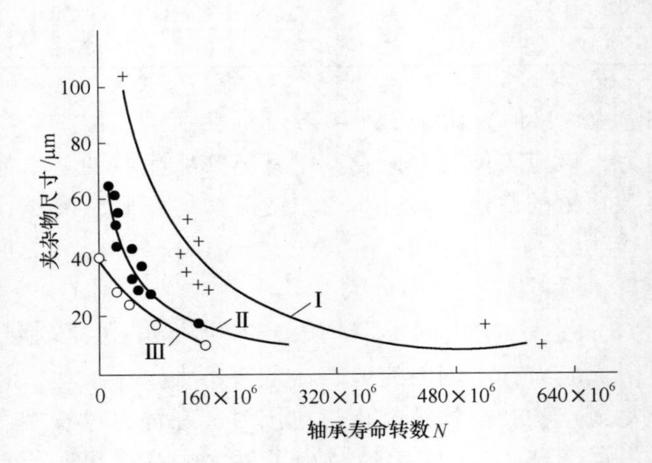

图 6-18 球状夹杂物对轴承疲劳寿命的影响

Ⅰ—ϕ=18.6mm；Ⅱ—ϕ=15.0mm；Ⅲ—ϕ=13.0mm

图6-18可见，随着夹杂物尺寸的增大，轴承的疲劳寿命显著下降；而且，钢材规格越小，夹杂物颗粒尺寸对钢材疲劳寿命的影响越严重。所以在相关标准中规定，对于小规格钢材，其夹杂物级别要求较严是有根据的。

一般情况下，夹杂物尺寸在20~30μm（评级大于2级）时，对轴承寿命的影响急剧增大。而在冶炼及浇铸过程中引入的外来夹杂物往往是大尺寸的，一般在60μm以上，这类夹杂物的存在，即使数量很少，也会引起轴承的疲劳裂纹及金属的剥落。所以在生产中必须尽力做好清洁工作，防止外来大颗粒夹杂物对钢水的沾污。

d　夹杂物的分布

影响轴承钢质量和轴承使用寿命的因素，不仅取决于夹杂物的数量多少、颗粒大小及性能类型，而且取决于夹杂物的分布情况。凡是用夹杂物分布均匀而又分散的轴承钢材制造的轴承，稳定性就好。特别是轴承表面及距其表面1mm深处，夹杂物越少越好，因为根据弹性力学计算，对于一般尺寸的轴承，随着负载的不同，在接触面下0.35~0.55mm间的一层，其切应力达最大值。

夹杂物的分布均匀与否也是影响轴承寿命的重要因素之一，分布越均匀，其危害性越小；越集聚，则其危害性越大，能使轴承的可靠性显著下降，损坏情况严重。比较理想的夹杂分布，应像电渣钢锭一样，由下而上地定向快速结晶，从而使钢锭的偏析获得改善，非金属夹杂物就比较细小，分布也较均匀。一般在采用下注法浇铸钢锭时，适当降低浇铸温度，有利于减少钢锭的偏析，也有利于改善非金属夹杂物的分布均匀性。

综上所述，轴承钢中存在的非金属夹杂物，理想情况应该是尺寸小、数量少、塑性好、分布均匀。但从电弧炉炼钢生产来看，要全面满足上述要求是有一定困难的，而且这些要求之间又是互相矛盾、互相牵制的。例如：脱氧过程中，夹杂物尺寸小时，数量就多；尺寸小的夹杂物去除又比较困难。高熔点的夹杂物尺寸虽然小，但难以变形；而容易变形的低熔点夹杂物，尺寸一般都比较大等。这就要对各类矛盾进行综合分析，抓住主要矛盾，探索合理的生产工艺方法。

B　对滚珠轴承钢中氧化物夹杂和点状夹杂的初步认识

在滚珠轴承钢中，氧化物夹杂的成分很大程度上取决于钢的终脱氧用铝量，当用铝量较多时，氧化物夹杂中即大部分为Al_2O_3；如不采用铝来进行终脱氧，则氧化物夹杂主要包含SiO_2、FeO和Cr_2O_3；若使用铝进行终脱氧而用铝量较少时，则钢中氧化物夹杂主要为Al_2O_3和内部含有Al_2O_3的半塑性硅酸盐；此外，还发现有梯形或方形的复杂铬尖晶石（$FeO \cdot Cr_2O_3$）夹杂物。

关于点状夹杂，过去通过金相定性分析，大都认为主要是由含 SiO_2 高的（大于 70%）钙、铝、铁、锰、硅酸盐组成，并认为是渣洗特定反应 $2(Al_2O_3)+3[Si]=3(SiO_2)+4[Al]$ 的产物。近几年来，某厂将部分炉号冶炼过程及成品中存在严重点状夹杂物的试样进行了检验，并运用电子探针进行仔细分析，从而对点状夹杂物产生了新的认识。

图 6-19 为金相及电子探针分析的典型点状夹杂物，试样是从 ϕ18mm 成品钢材上截取的，金相评级为 4 级。

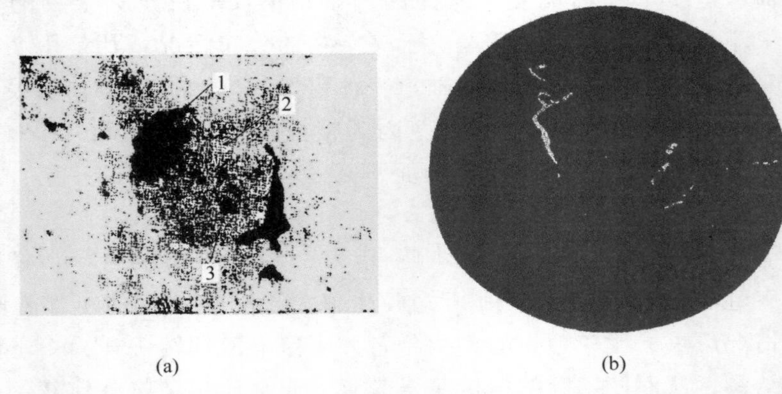

(a) (b)

图 6-19 采用金相及电子探针分析的点状夹杂物形态（×400）

（a）明场；（b）暗场

（图（a）中 1、2、3 点的强度计数见表 6-37）

金相观察图 6-19（a）中的点状夹杂物中各部位情况见表 6-37。

表 6-37 金相观察图 6-19（a）中点状夹杂物各部位情况

观察位置	1 点	2 点	3 点
明场	深灰色	灰色	深灰色
暗场	透明	透明	透明
偏振光	各向同性	各向同性	各向异性

表 6-38 是电子探针检测点状夹杂物各点元素的强度计数，从表中可以看出，1 点深灰色附加物主要成分是钙、铝，其次是铁、铬、硫。2 点灰色夹杂物，主要成分是钙、铝，其次是硫。3 点深灰色析出物，主要成分是钙、硫，其次是铝、铁。因此可以认为，此点状夹杂物系附有硫化铁、硫化铬析

出物的钙铝酸盐。经其他单位使用电子探针分析，也认为点状夹杂物系钙镁铝酸盐。因此，改变了原来认为点状夹杂物单纯是渣洗特定反应产物的看法，初步确定了点状夹杂物是由于渣洗后、乳化了的合成渣滴未能从钢中及时上浮的结果。另外，从其他点状夹杂物的电子探针分析结果也可看出，在渣滴的表面进行着铬、硅、铁还原合成渣组分的反应。白渣冶炼时，钢中的点状夹杂物组成也是钙铝酸盐，可能是铝的脱氧产物 Al_2O_3 与悬浮在钢液中的高碱度炉渣（$w(CaO)>60\%$）发生反应并残留在钢中的结果。目前这类研究探索工作正在进一步进行中。

表 6-38 电子探针检测点状夹杂物各点元素的强度计数

位置	强度						
	Fe	Cr	Mn	Ca	Al	Si	S
1 点深灰色附加物	9344	1704	微量	40032	16807	微量	1466
2 点灰色夹杂物	1842	微量	微量	41527	16073	272	1173
3 点深灰色析出物	3505	微量	微量	54506	7961	微量	75064
钢的基体	269013	7105	1541	—	—	—	—

C 影响滚珠轴承钢中非金属夹杂物的因素

a 造渣制度

（1）还原渣料的配比：采用白渣法冶炼时，还原渣料的配比对氧化物夹杂的影响很大。目前国内不少钢厂在冶炼滚珠轴承钢时，其还原渣料的配比为：石灰∶萤石∶硅石=4∶1∶1，按此配比产生的炉渣，出钢前经过分析（质量分数），CaO 60%~65%，SiO_2 12%~20%，MgO 4%~7%，CaF_2 4%~6%，Al_2O_3 3%~5%，FeO 0.4%~0.6%，CaC_2 0.3%~0.5%。

选用上述配比的渣料是有一段认识过程的，最初有些厂采取白渣法冶炼滚珠轴承钢时，应用的还原渣渣料配比为石灰∶萤石=3∶1。根据生产实践证明，渣料中配加硅石比较好，因为硅石渣容易造好，而且它能保持炉渣呈泡沫状，具有良好的流动性；而萤石渣则时稀时黏，渣面也欠活跃。某厂曾对硅石渣和萤石渣冶炼滚珠轴承钢的质量情况进行了统计，其结果见表6-39。

表 6-39 采用不同配比的还原渣料冶炼滚珠轴承钢时钢的质量情况

渣料配比	生产炉数/炉	合格率/%	试片数/片	平均评级/级		
				氧化物	硫化物	点状夹杂物
石灰∶萤石∶硅石=4∶1∶1	116	97.3	994	1.26	1.25	0.39
石灰∶萤石=3∶1	584	90.1	4382	1.762	1.144	0.366

此外，炉渣中的MgO和CaO含量也不能太高，如果CaO和MgO的组分过高，则炉渣黏稠，势必影响还原过程的正常进行。而且有人认为渣中CaO和MgO含量过高，随着还原时间的延长，溶解于钢液中的［Ca］、［Mg］也将不断上升（渣中MgO主要来自炉衬），其典型例子如图6-20所示。根据56炉钢的数据统计，溶解于钢中的［Ca］、［Mg］与成品钢材中夹杂物的平均评级，尤其是点状夹杂物的评级，几乎成正比例地增加，见表6-40。

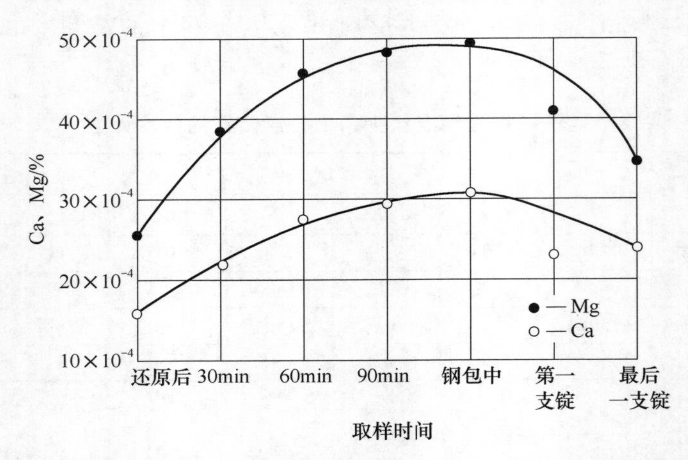

图6-20　GCr15钢冶炼过程中钢液的［Ca］、［Mg］含量变化

表6-40　钢中［Ca］、［Mg］含量与非金属夹杂评级的关系

［Ca］/%	炉数/炉	平均评级/级		［Mg］/%	炉数/炉	平均评级/级	
		氧化物	点状夹杂物			氧化物	点状夹杂物
0.0020~0.0040	7	2.17	1.83	0.0026~0.0030	17	2.26	1.79
0.0041~0.0060	11	2.24	1.89	0.0031~0.0035	20	2.21	2.00
0.0061~0.0080	14	2.21	1.93	0.0036~0.0040	12	2.31	2.05
0.0081~0.010	19	2.28	2.04	0.0041~0.0045	7	2.21	2.31
>0.010	5	2.24	2.34				

这是因为［Ca］、［Mg］与氧的亲和力强，容易与出钢及钢锭凝固过程中析出的氧发生反应，生成氧化物，所以使钢的氧化物和点状夹杂物评级升高。

（2）渣中FeO含量：采用白渣法冶炼滚珠轴承钢时，出钢前炉渣中的FeO含量会严重影响钢中氧化物夹杂的评级；还原渣中FeO含量越少，则炉渣扩散脱氧的能力越强，渣钢之间的相间张力也越大，既有利于出钢混冲时炉渣对钢液的强制扩散脱氧作用，也有利于乳化渣滴的上浮。

某厂曾对白渣法冶炼的滚珠轴承钢出钢前炉渣中 FeO 含量与氧化物夹杂的评级关系进行过统计和分析，其结果见表 6-41。

表 6-41 出钢前渣中 FeO 含量与氧化物夹杂评级的关系

出钢前渣中 FeO 含量/%	炉数/炉	相应炉号中氧化物夹杂最大评级的占比/%		
		1.0~1.5 级	2.0~2.5 级	≥3 级
<0.6	39	46.0	48.9	5.1
0.6~1.0	516	42.0	50.4	7.6
>1.0	32	28.1	62.5	9.4

在合成渣异炉渣洗冶炼时，出钢前炉渣中氧化铁的含量（钢水中含氧量的高低），对钢中氧化物夹杂和点状夹杂的影响也很大。为了弄清这种影响，曾进行过三种方案的试验。

1）方案Ⅰ：在炉内不进行脱氧操作即出钢渣洗（氧化性），硅铁及终脱氧铝均加在钢包中，出钢前钢液中含氧量为 0.0125%，此时相应的渣中 $w(\mathrm{FeO}) = 8\%$左右，共有 76 炉数据。

2）方案Ⅱ：炉内用炭粉造弱电石渣，还原 30min，然后出钢渣洗，硅铁和铝的加入方法与方案Ⅰ同。出钢前钢中含氧量为 0.004%~0.005%，此时相应渣中的 $w(\mathrm{FeO}) = 0.7\%$左右，共有 6 炉数据。

3）方案Ⅲ：炉内用炭粉、硅铁粉和铝粉分批造电石渣和白渣，总还原时间为 90min 左右，然后出钢渣洗，出钢前钢中含氧量为 0.0032%左右，硅铁和铝的加入方法也和方案Ⅰ相同，共有 4 炉数据。三个方案的试验结果列于表 6-42。

表 6-42 三种脱氧方案对钢中点状夹杂物的影响

方案		Ⅰ （氧化性）	Ⅱ （弱还原性）	Ⅲ （强还原性）
炉数/炉		76	6	4
试片数/片		395	109	129
点状夹杂物的评级频率	0 级	364 92.5%	78 71.6%	51 39.5%
	0.5 级	—	—	—
	1.0 级	5 1.27%	4 3.4%	7 5.4%

续表 6-42

方案		Ⅰ（氧化性）	Ⅱ（弱还原性）	Ⅲ（强还原性）
点状夹杂物的评级频率	1.5 级	6/1.57%	3/2.9%	7/5.4%
	2.0 级	10/2.57%	5/4.6%	14/10.9%
	2.5 级	7/1.77%	6/5.6%	13/10.1%
	3.0 级	2/0.5%	9/8.3%	18/13.9%
	3.5 级	1/0.25%	4/3.7%	19/14.8%
	平均值	0.155	0.69	1.61
点状夹杂物出现率/%		7.5	28.5	60.5

由表 6-42 数据可以明显地看出，随着出钢前钢中含氧量的降低，渣洗后点状夹杂的出现率和平均级别都迅速升高。根据这一现象可以认为：当钢中含氧量在一定高的情况下，生成的是含有大量 FeO、MnO 的大颗粒低熔点夹杂物，它们容易被渣滴吸附而上浮，如图 6-21 所示。

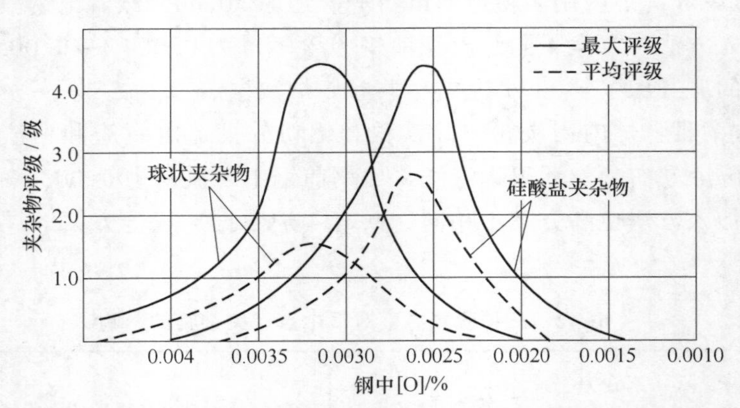

图 6-21　出钢终脱氧前钢中含氧量与点状夹杂物评级的关系

从上述试验结果中可以看出，方案Ⅰ（即氧化性合成渣异炉渣洗）对降低点状夹杂物效果较好，因此目前大多按方案Ⅰ类型的氧化性工艺进行生产。但是必须指出，所谓钢液含氧量高是有一定范围的，否则会转向反面，因为钢液的氧化性太强或渣洗前炼钢炉内的炉渣未拉净，都会使钢中氧化物夹杂的含量增加。至于如何适当地控制钢液的氧化性，目前尚在进一步探索中。

（3）渣中 CaC_2 含量：用白渣法冶炼时，出钢炉渣中的 CaC_2 含量，也是影响钢质量的重要因素之一，曾对滚珠轴承钢出钢炉渣中的 CaC_2 含量进行过对比分析，发现成品钢材中氧化物与点状夹杂物的评级，均随 CaC_2 含量的增加而升高，结果见表 6-43。

表 6-43 出钢渣中 CaC_2 含量与夹杂物评级的关系

渣中 CaC_2 含量/%	炉数/炉	氧化物		点状夹杂物/%	
		合格率/%	平均评级/级	合格率	出现率
≥0.35	16	87.5	1.72	93.65	43.8
<0.35	80	98	1.50	98	37.5

为了改善钢中氧化物和点状夹杂物的评级，出钢前炉渣中的 CaC_2 含量应该越低越好。

（4）对合成渣成分的要求：钢液经过 Al_2O_3-CaO 合成渣洗涤后，因为渣洗过程中脱氧反应比较激烈，所以钢中的含氧量下降得比白渣法快，见表6-44。

表 6-44 出钢前后渣中（FeO）和钢中含氧量的变化

冶炼方法	炉数/炉	渣中（FeO）含量/%		钢中［O］/%		备　注
		出钢前	出钢后	出钢前	出钢后	
氧化性异炉渣洗	8	0.26	0.55	0.0071	0.0032	出钢前的渣样是由化渣炉倒渣前取的
白渣法	10	0.47	0.50	0.0041	0.0035	

必须指出，只有使合成渣保持合适的化学成分，才能保证它具有良好的流动性，以及强的脱氧、脱硫和去除夹杂物等物理化学性能。从图 6-22 可看出：在 1530℃以上时，合成渣和白渣的黏度相差不大；而在 1530℃以下时，白渣的黏度则大大增加，但 Al_2O_3-CaO 合成渣的黏度却上升不多；这说明在渣洗温度下，合成渣能被强烈地乳化，与白渣法比，其渣、钢接触面大大增加，因此脱氧、脱硫及去夹杂物的效果比白渣法冶炼时要好。

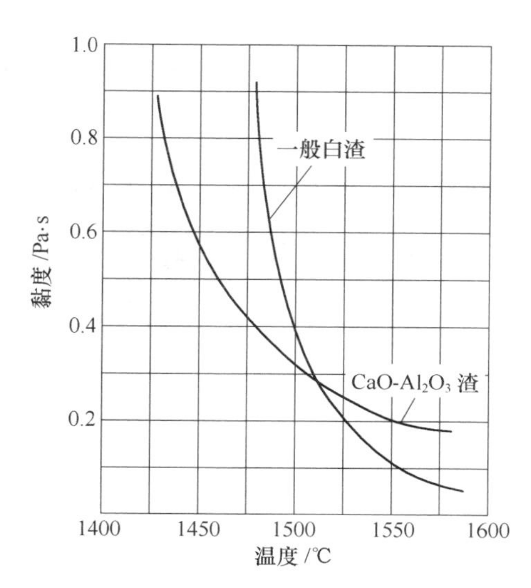

图 6-22 Al_2O_3-CaO 合成渣与一般白渣的温度黏度曲线

从渣洗的效果考虑，Al_2O_3-CaO 渣应含有（质量分数）CaO 50%～55%，

Al_2O_3 40%~45%，FeO、MgO · SiO_2 应尽量低。但在生产实践中发现，出钢过程中，当钢液加硅铁合金化时，常发生硅铁被合成渣包牢而熔化不掉，导致成品钢中硅元素脱格的情况。为了进一步提高合成渣的流动性，故在渣中另加 1%的 SiO_2（石英砂）。

b 温度制度

白渣法冶炼滚珠轴承钢的温度制度，对成品钢材的质量影响极为敏感，尤其是还原期的精炼温度、出钢温度和浇铸温度，决定着滚珠轴承钢被夹杂物沾污的严重程度。通常认为，冶炼滚珠轴承钢的合理温度制度应该是：高温氧化（1580~1620℃）、中温出钢（1560~1590℃）、中低温浇钢（1520~1540℃）。

氧化温度会影响钢液在加矿石时的沸腾剧烈程度，是去气、去夹杂物的关键因素。在还原期精炼过程中，往往由于钢液温度控制不当，电力曲线不合理，而直接影响到炉渣的流动性和还原性，使脱氧、脱硫过程无法顺利进行。如果还原期钢液温度过低，则钢液黏度大，会影响脱氧产物的排除；若温度过高，则钢液中溶解的气体量增多，尤其是随着含氧量和含氮量的增高，势必增加氧化物和氮化物夹杂，对浇铸系统耐火材料的侵蚀也较严重。一般说来，出钢量为 20t 左右的电弧炉，出钢温度宜控制在 1565~1585℃。

有研究人员曾对白渣法冶炼滚珠轴承钢的出钢温度与氧化物夹杂评级的关系，进行了统计和分析，现将其结果列于表 6-45（出钢量为 18t，锭重为 2t)。

表 6-45 白渣法冶炼滚珠轴承钢时出钢温度与氧化物夹杂评级的关系

出钢温度/℃	批数/批	试片数/片	氧化物试片评级频率/%								平均评级/级	≥3.0 级夹杂物的数量/%
			0.5 级	1.0 级	1.5 级	2.0 级	2.5 级	3.0 级	3.5 级	4.0 级		
≤1560	28	138	14.5	24.8	23.8	14.5	10.8	5.8	3.6	2.2	1.59	11.6
1565~1570	86	440	22.0	29.0	20.2	11.6	11.5	2.3	3.2	0.20	1.20	5.7
1575~1580	225	1361	15.2	30.4	26.0	12.6	6.8	4.4	3.8	0.80	1.49	9.0
1585~1590	128	717	15.8	30.2	27.0	12.4	7.0	4.6	2.02	0.98	1.45	7.6
1595~1600	56	292	16.0	28.0	26.0	13.7	7.9	4.1	3.4	0.9	1.49	8.4
>1600	47	256	13.2	19.1	25.0	20.3	7.4	4.5	7.4	3.1	1.74	14.8

在氧化性合成渣异炉渣洗冶炼滚珠轴承钢时，温度制度对钢材质量也有很大的影响。其温度制度基本上也是高温氧化、中温出钢（比白渣法稍高些，因为出钢前要拉渣降温）和低温浇铸，并需注意合成渣温度的合理控制。在采用电子探针对点状夹杂物进行定性分析以前，人们多认为点状夹杂物的主要组成是钙、铝、铁、锰硅酸盐，因此为了减少点状夹杂，常把注意力集中在特定反应和减少二次反应等方面，致将出钢温度降低到1565~1580℃，合成渣温度提高到1780~1800℃，结果造成钢液黏度增加，镇静时间缩短，反而恶化了钢液中夹杂物和乳化渣滴的上浮条件，使钢中的氧化物夹杂和点状夹杂物评级增加，见表6-46。目前的情况是适当提高出钢温度至1585~1600℃，降低合成渣温度至1720~1760℃，相应地延长镇静时间，使氧化物夹杂和点状夹杂物的评级情况得到明显的改善，试片合格率提高了3.7%，氧化物评级大于3级的试片数量减少了0.25%，氧化物平均级别降低了0.034级；点状夹杂物评级为0级的试片数量增加了10.1%，大于3级的试片数减少了1.8%，点状夹杂物的平均评级也降低了0.250级。

表6-46 出钢温度、合成渣温度与夹杂物的评级关系

出钢温度/℃	合成渣温度/℃	炉数/炉	试片合格率/%	检验试片数/片	氧化物		点状夹杂物		
					>3级的占比/%	平均评级/级	0级的占比/%	>3级的占比/%	平均评级/级
1565~1585	1760~1800	433	94.5	5067	0.99	1.182	63.6	4.3	0.805
1585~1600	1720~1760	404	98.2	3507	0.74	1.148	73.7	2.5	0.555

此外，浇铸温度对非金属夹杂物的评级也有影响。某厂在浇铸2t钢锭时，浇铸温度和氧化物夹杂评级的关系见表6-47。

表6-47 浇铸温度与钢中氧化物夹杂评级的关系

浇铸温度/℃	炉批/炉	检验试片数/片	氧化物试片评级频率/%								平均评级/级	>3级的占比/%
			0.5级	1.0级	1.5级	2.0级	2.5级	3.0级	3.5级	4.0级		
≤1410	11	93	15.0	25.0	29.0	11.8	6.3	3.2	5.4	4.3	1.56	9.7
1415~1420	48	270	18.5	31.6	29.0	10.0	3.2	1.5	3.0	3.2	1.41	6.2
1425~1430	60	450	9.6	20.0	37.2	15.0	9.8	3.1	2.9	2.4	1.48	5.3

续表 6-47

浇铸温度/℃	炉批/炉	检验试片数/片	氧化物试片评级频率/%								平均评级/级	>3级的占比/%
			0.5级	1.0级	1.5级	2.0级	2.5级	3.0级	3.5级	4.0级		
1435~1440	46	314	11.0	37.4	28.0	11.0	6.4	2.5	2.5	1.2	1.44	3.7
1445~1450	16	141	9.2	35.4	22.0	12.0	7.1	5.0	5.0	4.3	1.75	9.3
1455~1460	5	22	9.1	9.1	52.3	25.0	—	4.5	—	—	1.55	0
1465~1470	2	14	—	41.8	36.0	15.0	—	—	—	7.2	1.59	7.2

从表 6-47 中可以看出，比较合适的浇铸温度为 1415~1440℃。

c　镇静时间对滚珠轴承钢夹杂物的影响

钢液镇静时间的长短，无论是对白渣法或氧化性异炉合成渣渣洗冶炼的钢，都有很大的影响。通过电子探针对点状夹杂物的定性分析，更能说明镇静时间与钢质量的重要关系。曾对氧化性合成渣异炉渣洗冶炼的轴承钢材（ϕ45~60mm）进行了检验，发现随着镇静时间的延长，钢材的点状夹杂物评级在逐步下降，见表 6-48。

表 6-48　镇静时间与钢中点状夹杂物评级的关系

镇静时间/min	炉数/炉	检验试片数/片	点状夹杂物评级/%					
			0级	≤1.0级	≤2.0级	≤3.0级	>3.0级	平均评级
≤12	7	85	65.8	68.5	81.02	93.0	7.0	0.82
13~16	102	1227	66.5	73.1	85.05	97.15	2.85	0.68
17~20	46	516	70.0	74.25	86.85	97.68	2.32	0.64
21~23	4	40	72.5	82.50	97.5	100	—	0.42

浇铸过程中曾发生过由于塞杆失灵而调换钢包的情况，钢液在钢包内镇静时间很短。统计了 7 炉数据，结果氧化物平均级别高达 1.9 级，点状夹杂物平均级别也高达 1.01 级。

d　氧化末期终点碳的控制问题

氧化末期终点碳对滚珠轴承钢质量的影响，就白渣法冶炼和氧化性异炉渣洗冶炼的情况来看，是有一定区别的。

在采用白渣法冶炼时，氧化末期终点碳含量不宜过低，一般要求应不少于0.80%。因为终点碳含量过低，拉渣后需用大量炭粉增碳，炭粉中的灰分进入钢液，势必增加钢中的杂质。有时在氧化末期终点碳含量过低的情况下，用电极插入钢液进行增碳，对维护钢的质量有一定好处，主要是因为电极中的石墨与熔池中的氧发生反应，生成CO气泡，引起了熔池的沸腾，使钢液中的氧和碳的含量逐渐趋向平衡，从而排除了悬浮在钢液中的夹杂物和气体。从图6-23可以看出，这种电极脱氧方法确能提高轴承钢的疲劳寿命。但是由于电极是一种紧张物资，而且电极增碳往往会延长冶炼时间，易引起操作混乱，所以这种操作方法一般多不提倡。

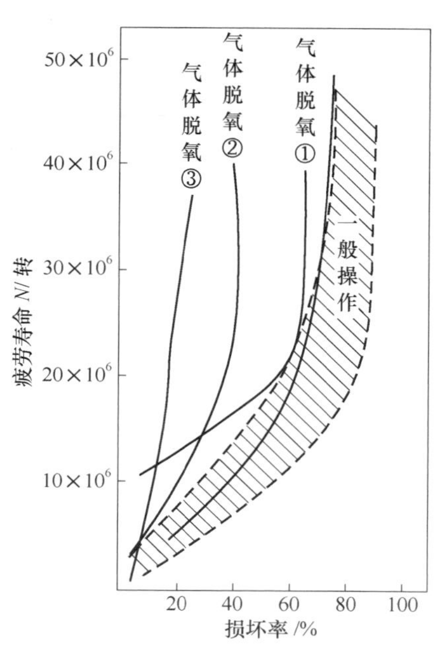

图6-23 电极增碳对提高轴承疲劳寿命的效果

当用氧化性合成渣异炉渣洗冶炼时，如脱碳过低，或采用电极增碳，对钢质量的影响就比白渣法要大。从表6-49的统计分析中可以看出氧化末期钢液中的含碳量与点状夹杂物的关系。因为氧化末期钢液中含碳量低，则需加入大量含硅达4%左右的高碳铬铁，从而使钢液脱氧，出钢前钢中残余硅达0.05%以上，破坏了钢液的氧化性，势必影响到合成渣对钢液的洗涤效果。

表6-49 氧化末期钢中含碳量与钢材点状夹杂物评级的关系

终点碳含量/%	炉数/炉	检验试片数/片	点状夹杂物	
			平均评级/级	≥3.5级的占比/%
≤0.82	10	91	1.35	6.6
0.83~0.84	26	234	1.38	8.9
0.85~0.86	34	272	1.30	3.7
0.87~0.88	31	244	1.22	2.9
0.89~0.90	39	309	1.31	5.8
0.91~0.92	33	229	1.15	1.3
0.93~0.94	16	126	1.19	3.2
≥0.95	4	28	0.87	0

如果脱碳过低，采用电极增碳，则对钢液的氧化性破坏更大，对钢中点状夹杂物的评级影响也更坏，见表 6-50。

表 6-50 脱碳过低采用电极增碳对钢中点状夹杂物的影响

操作情况	炉数/炉	检验试片数/片	点状夹杂物	
			平均评级/级	≥3.5 级的占比/%
脱碳过低，采用电极增碳	13	96	1.54	8.3
无电极增碳	88	646	1.28	4.3

因此在氧化性合成渣异炉渣洗冶炼滚珠轴承钢时，必须正确控制氧化末期钢液中的终点碳含量，要求做到不用电极增碳和尽量少用高碳铬铁，以确保钢液的氧化程度。

e 氧化性合成渣异炉渣洗冶炼时调整钢液成分时间的长短与夹杂物含量的关系

采用氧化性合成渣异炉渣洗冶炼滚珠轴承钢时，一般说来，当氧化末期铬铁和锰铁等合金加入熔池后，要比白渣法在还原初期加入时容易熔化，而且钢液的化学成分也比较均匀，此时应抓紧各项操作进程，从速准备出钢；如果调整时间过长，钢液中的碳、锰、铬等元素不断烧损，钢液氧化程度势必减弱，夹杂物的评级便会相应升高，见表 6-51。

表 6-51 调整钢液成分的时间与钢中夹杂物评级的关系

调整时间/min	炉数/炉	检验试片数/片	氧化物			点状夹杂物		
			≤2.5 级的占比/%	≥3.5 级的占比/%	平均评级/级	0 级的占比/%	≤2.0 级的占比/%	平均评级/级
40~60	24	201	97.7	1.0	1.28	42.5	83.6	0.99
>60~80	30	268	95.8	1.0	1.41	37.5	79.5	1.19

6.2.4.2 缩孔

滚珠轴承钢的缩孔情况比较严重，某厂生产的滚珠轴承钢因缩孔而报废的数量竟达全年总产量的 1.3%，占全年轴承钢总废品量的 17%。

6.2.5 新轴承钢简介

6.2.5.1 无铬轴承钢

我国有关工厂和科研单位通过反复试验研究，终于创造了性能良好且完全立足于国内资源的无铬轴承钢，这类钢的化学成分见表6-52。

表6-52 无铬轴承钢的化学成分 （质量分数,%）

钢号		GSiMnV	GSiMnMoV	GMnMoV+Re	GSiMnV+Re
化学成分	C	0.95~1.10	0.95~1.10	0.95~1.07	0.95~1.10
	Mn	1.10~1.30	0.75~1.05	1.10~1.40	1.10~1.30
	Si	0.55~0.80	0.40~0.65	0.15~0.40	0.55~0.80
	S	≤0.030	≤0.030	≤0.030	≤0.030
	P	≤0.030	≤0.030	≤0.030	≤0.030
	Ni	≤0.30	≤0.30	≤0.30	≤0.30
	Cr	≤0.30	≤0.30	≤0.30	≤0.30
	Mo	—	0.20~0.40	0.40~0.60	—
	V	0.20~0.30	0.20~0.30	0.15~0.25	0.20~0.30
	Cu	≤0.25	≤0.25	≤0.25	≤0.25
	其他			Re加入量0.1	Re加入量0.1

钼对铁素体有固溶强化作用，并能提高碳化物的稳定性，因此能够增加钢的强度和硬度；钼还可提高钢的淬透性和降低钢的回火脆性，对钢的耐磨性也有利。

钒也是碳化物的形成元素，钒的碳化物在钢中极为稳定，对提高钢的强度有好处。钒能细化晶粒降低钢的过热敏感性和淬火开裂倾向，提高钢的韧性。钢中加入钒，能形成弥散分布的V_4C_3，从而提高钢的耐磨性。

稀土金属具有强烈的脱氧作用，并能提高钢的耐磨性、耐腐蚀性和塑性。

用新轴承钢制成的208型号轴承，经过做寿命试验表明，实际寿命达到计算寿命的14倍，而用GCr15钢制成的轴承仅9.7倍。

无铬轴承钢的实际使用效果是比较好的，但目前由于还存在着加工时脱碳敏感性较强、制造轴承时刀具磨损大及轴承的防锈能力还不够理想等问题，所以它的生产和使用还没有完全定型。

6.2.5.2 高温、不锈轴承钢

随着科学技术的发展，超高温、高速、高压、低温等工作条件对轴承提

出了一系列特殊的要求，尤其是燃气轮机、飞机、导弹工业的飞跃发展，对冶炼高温、不锈轴承钢提出了十分迫切的要求。

所谓高温、不锈轴承钢，是指用这类钢制成的轴承，在所需的高温工作条件下，经过1000h以上的工作时间，能保持HRC值不低于58的硬度，要求轴承的尺寸稳定性、抗氧化和抗腐蚀性能良好；此外，还应具有高的抗压强度、高的抗疲劳和抗磨损性能。

对高温、不锈轴承钢，国内外都已做了大量的试验研究工作，下面介绍几种比较典型的高温、不锈轴承钢。

A M50钢

M50钢的主要化学成分（质量分数）：C 0.75%~0.85%，Mn≤0.35%，Si≤0.35%，Cr 3.75%~4.25%，V 0.90%~1.10%，Mo 4.0%~4.5%。

它的有效工作温度可达350~430℃。该钢一般采用真空自耗或电渣重熔冶炼，唯有在铸锭时易产生碳化物偏析，应注意选择适当的锭型。

B 14-4钢

14-4钢的主要化学成分（质量分数）：C 1.00%~1.15%，Mn≤0.60%，Si≤0.60%，Cr 13.5%~15.0%，Mo 3.75%~4.25%，V 0.10%~0.20%。

它属于高碳马氏体型的不锈轴承钢，有效工作温度为350~430℃，用来制造超音速喷气发动机的轴承。

这类钢大都采用真空冶炼或电渣重熔，它具有高的强度和耐磨、耐腐蚀性能，是不锈钢与高铬工具钢的中间钢种。

它的比较典型的改进型钢种是WD-65钢。WD-65钢的化学成分系在14-4钢的基础上加（质量分数）V 2.5%~3.0%，W 2.0%~2.5%，Co 5.0%~5.5%。其有效工作温度可达430~540℃。

C M-315钢

M-315钢的主要化学成分（质量分数）：C 0.10%~0.15%，Mn 0.40%~0.60%，Si 0.15%~0.30%，Ni 2.6%~3.0%，Cr 1.35%~1.75%，Mo 4.80%~5.20%。

它属于高合金渗碳钢，其有效工作温度可达350~430℃；一般都采用真空熔炼。

除以上三种高温、不锈轴承钢外，还有440C、BG42、9Cr18等钢号，这里不再赘述。

6.3 高速工具钢

6.3.1 高速工具钢的用途、种类、性能及质量要求

6.3.1.1 高速工具钢的用途

高速工具钢俗称为锋钢，是机械工业中制造切削刀具的重要金属材料之一，主要被用来制造生产率高、耐磨性好、在高温下（一般在600℃左右）仍能保持切削性能的刀具，如车刀、钻头、铣刀、拉刀、插齿刀、铰刀、丝锥、锯条等。

随着我国科学技术的飞跃发展，在机械工业中高效率的自动车床和高速切削机床不断涌现，新型的难以切削的金属材料也相应地增多，因此对高速工具钢的产量、质量和品种不断提出了新的要求。

6.3.1.2 高速工具钢的种类

高速工具钢按其化学成分可分为以下四类。

（1）钨系高速钢：这类高速钢的钨元素含量最高达18%以上，不含钼，可含钴，其典型钢号如我国的W18Cr4V、W9Cr4V2等。

（2）钨-钼系高速钢：这类钢中含有一定量的钨和钼，它们之间的含量差一般不超过2%，可含钴，其典型钢号如W6Mo5Cr4V2等。

（3）钼系高速钢：这类高速钢中钼含量较高，大于7%，而钨含量则较低，通常不超过2%，可含钴，其典型钢号如W2Mo9Cr4Co8V等。

（4）高碳高钒系高速钢：这类高速钢中含有大于3%的钒以及较高的碳，其典型钢号如W9Cr4V5等。

高速工具钢若按其用途又可分为通用高速钢和特种用途高速钢两类。

（1）通用高速工具钢：一般不含钴，钒含量不大于3%，如W18Cr4V、W6Mo5Cr4V2等。

（2）特种用途高速工具钢：含有钴或大于3%的钒，或含有钛、铝及较高的碳，如W6Mo5Cr4V2Co8、W9Cr4V5、W10Cr4Mo4V3Al等。

6.3.1.3 高速工具钢的性能和质量要求

高速工具钢的性能在它的工作过程中，也就是在它的运动形式中充分表现出来。高速工具钢在工作中所表现出来的运动形式除了与一般钢有共同点

以外，还有它自己的特性。

A 高速工具钢的性能

（1）高的常温硬度：常温硬度是衡量高速工具钢性能的主要指标之一。在淬火、回火以后，高速工具钢的硬度 HRC 都能大于 62。钢号不同，硬度值也不一样，钴系高速钢和高碳高钒系高速钢的硬度较高，一般 HRC 都能超过 65；而钨系高速钢的硬度较低，HRC 常在 62~65 之间。

（2）高的红硬性：红硬性是衡量高速工具钢性能的又一主要指标，是高速工具钢区别于其他工具钢的主要特性。红硬性是指刀具（钢）在切削过程中产生高温的条件下，仍能保持高的硬度和耐磨性的一种性能。高速钢之所以具有高的切削性能，也就是因为它具有红硬性这种特性。在 600℃ 的高温下，高速工具钢仍能切削和加工硬度较高的材料，而碳素工具钢则不能。高速工具钢的红硬性主要取决于钢中的钴、钨、钒、碳等元素的含量，如钴高速工具钢的红硬性就较高，可达 HRC65 以上；而钨高速工具钢的红硬性则较低，在 HRC62 左右。

（3）好的耐磨性和可磨削性：耐磨性是刀具（钢）在切削工件时的耐磨损程度，高速工具钢应具有良好的耐磨性，实际上高速工具钢的耐磨性是钢的红硬性、硬度、韧性等指标在切削工件时的综合反映。可磨削性是指钢被加工磨削时的难易程度，这是一个不能忽视的指标，可磨削性差，则刀具制造时就会碰到困难。钨系高速工具钢的可磨削性较好，而高碳高钒高速钢的可磨削性则较差。

（4）足够的冲击韧性和抗弯强度：高速工具钢应具有一定的冲击韧性和抗弯强度，如果钢的冲击韧性和抗弯强度差，则刀具在切削时就会发生崩刃现象，从而降低了刀具的使用寿命。

（5）好的工艺性能：高速工具钢的工艺性能主要是指钢的热变形加工性能、热处理性能、焊接性能等，这也是一个不能忽视的指标。如果钢的工艺性能不良，将给操作带来困难，并影响到钢材、刀具生产时的成材率。

B 高速工具钢的质量要求

（1）高速工具钢的化学成分见表 6-53，物理性能见表 6-54。

表 6-53 高速工具钢的化学成分

钢号	化学成分（质量分数）/%								
	C	Mn	Si	Cr	W	Mo	V	S	P
W12Cr4V4Mo	1.20~1.40	≤0.40	≤0.40	3.80~4.40	11.50~13.00	0.90~1.20	3.80~4.40	≤0.030	≤0.030

续表 6-53

钢号	化学成分（质量分数）/%								
	C	Mn	Si	Cr	W	Mo	V	S	P
W18Cr4V	0.70~0.80	≤0.40	≤0.40	3.80~4.40	17.50~19.00	≤0.30	1.00~1.40	≤0.030	≤0.030
W9Cr4V2	0.85~0.95	≤0.40	≤0.40	3.80~4.40	8.50~10.00	≤0.30	2.00~2.60	≤0.030	≤0.030
W9Cr4V	0.70~0.80	≤0.40	≤0.40	3.80~4.40	8.50~10.00	≤0.30	1.40~1.70	≤0.030	≤0.030
W6Mo5Cr4V2	0.80~0.90	≤0.35	≤0.35	3.80~4.40	5.75~6.75	4.75~5.75	1.80~2.20	≤0.030	≤0.030

表 6-54 某些高速工具钢的物理性能

钢　号	临界温度（近似值）/℃			密度/g · cm^{-3}
	A_{c1}	A_{cm}	A_{r1}	
W9Cr4V2	810	—	760	8.30
W18Cr4V	820	1330	760	8.70

（2）低倍：断口晶粒应均匀、细致，低倍组织中不应有缩孔、气泡、夹杂、分层和白点。

（3）高倍：碳化物的不均匀度，依其截面尺寸的不同，必须符合表 6-55 的规定。

表 6-55 钢材碳化物不均匀度的要求

钢材尺寸（直径或边长）/mm	碳化物不均匀度/级
≤40	≤4
>40~60	≤5.5
>60~80	≤7

对于制造拉刀、钻头、铣刀以及尺寸小于 60mm 的扩孔钻和铰刀等用的高速工具钢钢材，其碳化物不均匀度应符合表 6-56 的要求。

表 6-56 制造拉刀等切削刀具的钢材碳化物不均匀度的要求

钢材尺寸（直径或边长）/mm	碳化物不均匀度/级
≤30	≤3

续表 6-56

钢材尺寸（直径或边长）/mm	碳化物不均匀度/级
>30~40	≤4
>40~60	≤5
>60~80	≤6
>80~100	≤7

对用来制造螺丝滚模、搓丝板、齿轮切削刀具的高速工具钢，其碳化物不均匀度应符合表 6-57 的要求。

表 6-57 制造螺丝滚模等切削工具的钢材碳化物不均匀度的要求

钢材尺寸（直径或边长）/mm	碳化物不均匀度/级
40~60	≤4
>60~80	≤5
>80~100	≤6

（4）除以上质量要求外，在生产高速工具钢时，有时还可根据用户需要，规定其他的质量要求，如对碳化物不均匀度提出更严格的要求等。

6.3.2 高速工具钢中主要合金元素的作用

高速工具钢性能的变化，取决于它的化学成分和热处理工艺。因此必须认识各元素在钢中所起的作用，在炼钢过程中准确地予以控制，为得到理想的性能打下良好的基础。

6.3.2.1 碳

碳是高速工具钢中的基本元素，它与钢中的钨、钼、钒等合金元素形成碳化物，提高了钢的硬度、耐磨性和红硬性；碳还能提高钢的淬透性，使钢获得马氏体组织。

高速工具钢中的碳含量是根据钢中形成碳化物的合金元素含量来决定的，碳与其他合金元素形成碳化物有一定比例，按此比例计算各合金元素形成碳化物所需碳的总和，称为平衡碳。近年来，对高速钢中平衡碳进行了仔细的研究，提出了一些计算公式，其中常用的为下式：

$$w(\mathrm{C}) = 0.060\mathrm{Cr} + 0.033\mathrm{W} + 0.063\mathrm{Mo} + 0.200\mathrm{V}$$

根据上式计算出来的碳含量，比现行钢号中的碳含量要高。目前，新研究的高速工具钢的碳含量大多接近平衡碳。如上所述，增加含碳量能提高钢的硬度、耐磨性和红硬性，但随着含碳量的增加，钢的热加工性能会变差，韧性下降，碳化物偏析增加，可焊性变差，所以高速工具钢的含碳量只能在可能的范围内递增。

6.3.2.2 钨

钨是使高速工具钢具有红硬性的主要元素，它与钢中的碳形成碳化钨和复合碳化物，提高了钢的硬度、耐磨性和红硬性。钨的碳化物有阻止晶粒长大的能力，因此在淬火加热时能提高淬火温度，使奥氏体获得高的合金度和碳含量；在淬火、回火时，一部分钨从马氏体中析出形成高度分散的碳化物，弥散硬化，提高了钢的硬度和红硬性，另一部分钨仍存在于马氏体中，增加了与碳原子的结合力，使马氏体在高温时具有良好的稳定性。

在钨系高速钢中，如钨含量低于9%时，钢的红硬性和切削性能就相应地降低，所以钨系高速钢中的钨含量一般不低于9%。随着钨含量的增加，钢的红硬性、切削性能成比例地提高，但当钨含量超过22%时，对提高钢的红硬性和切削性能，效果已不大显著；相反增加了钢的碳化物不均匀性，降低了钢的塑性。所以在钨系高速钢中，钨含量一般不超过22%。

6.3.2.3 钼

钼对高速工具钢性能的影响在许多方面与钨相似，而且比钨更显著，1%的钼约可代替2%的钨。钼还有使铸态莱氏体组织细化的作用，所以钼高速钢碳化物颗粒细小，分布均匀，韧性较高。但是，钼高速钢最大的缺点是脱碳敏感性大。

6.3.2.4 钒

钒是提高高速工具钢切削性能的主要元素之一。在回火时钒以细小分散的碳化物形式析出，产生弥散硬化效应，能提高钢的硬度和红硬性；其碳化物的析出程度比碳化钨更为强烈，硬度也比碳化钨高，所以对提高钢的耐磨性最有效。由于碳化钒细小分散地分布在钢中，因而对碳化物偏析的影响不大，把含钒量增加到3%，可使钢的红硬性提高到相当于含钴5%的水平。钢中钒含量增加后，碳含量也必须相应的按比例增加，否则红硬性和硬度就得不到提高。高速工具钢中增加钒含量后，钢的可磨削性变差，按目前的磨料性能，当钢中的钒含量达3%时，刀具的磨削就会感到困难。由于上述原因，现行标准中大多数钢号中的钒含量都不超过3%，只有少数钢号的钒含量达5%左右。

6.3.2.5 铬

铬对高速工具钢的主要作用是增加钢的淬透性，改善一些耐磨性和提高硬度。铬的碳化物不像钨、钒的碳化物那样稳定，在加热到1000℃以上，即几乎全部溶入奥氏体中，因此铬的碳化物不能有效地阻止晶粒长大。目前一般钢号中的铬含量均为4%左右，这主要考虑到铬含量太低时，钢的淬透性达不到要求；若铬含量太高（大于5%）时，又会增加钢淬火时的残留奥氏体含量，会降低钢的硬度。

6.3.2.6 钴

钴是提高高速工具钢的红硬性、硬度和切削性能最有效的元素，含钴量在1.8%以下时，对钢的性能几乎无影响；当含钴量大于2.4%时，即开始对钢的性能产生影响，通常是钴含量越高，钢的性能也越好；但随着含钴量的增加，钢的韧性将下降，当含钴量不小于12%时，钢就变得很脆，稍受冲击就会折断，所以目前钴高速工具钢中的含钴量多控制在5%~10%。钴不形成碳化物，因此钢中加入钴以后不影响碳化物的不均匀性，但强化了钢的脱碳敏感性，使钢的脱碳深度增加。

钴对高速工具钢性能影响的机理，目前尚不十分清楚，一般有以下几种解释：

(1) 钴能与钨形成金属间化合物钨化钴，在钢回火时以细小分散的形式析出，产生弥散硬化作用，这类细小的质点比其他碳化物更具有抗高温团聚的能力，因而提高了钢的红硬性、硬度和切削性能。

(2) 钴可以提高钨在奥氏体中的溶解度，因而提高了固溶体的合金度，使钢的红硬性、硬度得到提高。

(3) 钴能提高固溶体晶格中金属原子的结合力，从而增加了钢在受热时抗软化的能力，提高了钢的红硬性。

6.3.2.7 铝

铝对高速工具钢性能有一定影响，但对其影响机理，目前也还不大清楚。一般认为铝的作用可能如下：

(1) 铝与氮结合形成氮化铝，可控制高温下的晶粒长大，便于采用较高淬火温度来改善碳化物的溶解，而不粗化晶粒。

（2）由于铝的低熔点和易氧化特性，在切削加工时产生切削热的条件下，铝能在刀具表面形成一层极薄的氧化铝，有很好的保护刀具的作用。

铝在高速工具钢中的加入量一般不大于1.5%，因为当铝含量大于1.5%时，将会降低其对高速工具钢性能所起的作用。

6.3.3 高速工具钢的冶炼与浇铸工艺

高速工具钢具有特殊的化学成分，这种特殊的化学成分不但决定了它的性能，而且关系到它的冶炼和浇铸工艺。

6.3.3.1 钨系高速工具钢的冶炼工艺（以W18Cr4V为例）

由于高速工具钢中含有大量的高熔点合金元素，如果采用一般的氧化法冶炼，在还原期势必要加入大量的铁合金，但钨铁的熔点很高，密度又大，容易沉入熔池底部，很难熔化，致使冶炼过程难以正常进行。因此，目前常用返回吹氧法冶炼高速工具钢，在冶炼时即将钨铁、铬铁等铁合金随炉料一起装入炉内。

A 对炉衬的要求

冶炼高速工具钢时，要求炉体良好，新炉子应在冶炼数炉碳钢或低合金钢以后，出钢口能正常开启的情况下始可冶炼。在冶炼过程中，炉体应很好维护。

B 配料和装料

冶炼高速工具钢的原料主要有以下几种类型。

同类钢的返回料：其中包括有本钢种的汤道、注余锭，锻轧车间的切头切尾，报废钢锭或钢材，以及报废的刀具和本钢种的车屑等。车屑可在重熔之后使用或直接掺用。

碳素钢与合金废钢：其中包括碳素工具钢、合金工具钢、滚珠轴承钢、合金结构钢等废钢。

原料钢：其中包括专门作为冶炼高合金钢用的低磷原料钢和工业纯铁。

铁合金：主要有钨铁、铬铁、钒铁等。

各种废钢和铁合金应保持清洁、少锈或无锈，分类堆放，不能混杂，在使用时一定要明确其成分。

W18Cr4V 炉料成分的配比有以下要求。

(1) 碳：炉料的配碳量是根据钢种的化学成分，以及冶炼过程中熔化期碳的烧损量，氧化期的脱碳量和还原期的增碳量来确定的。按照某厂的操作情况：熔化期吹氧助熔烧损的碳为 0.05%~0.10%，氧化期的脱碳量不小于 0.10%，还原期电石渣下的增碳量为 0.04%~0.05%。因此，炉料中的配碳量一般在 0.75%~0.80%范围内。

(2) 铬：炉料中的铬一般配到 3.60%~3.70%，在还原期应考虑有 0.50%左右的增铬量，以便调整钢中碳的成分。铬铁的回收率在单渣法冶炼中一般按 97%计算。

(3) 钨：在炉料中应配到钢种规格的中限，熔、氧过程中钨铁的回收率按 94%计算。

(4) 在炉料中一般不配入钒，但在本钢种返回料中一般都含有钒，炉料中带入的钒，在熔、氧过程中以 82%回收率计算。用作合金化的钒铁，其回收率按 95%计算。

(5) 锰：炉料中的锰含量以小于 0.40%为好。

(6) 磷：炉料中的磷含量应不大于 0.027%。

表 6-58 为某厂返回吹氧法冶炼 W18Cr4V 钢的配料实例。

炉料的布放与进料如下：

(1) 高速工具钢的炉料，必须在料斗或炉内合理布放。炉料中所含的大量钨铁，熔点高、密度大，在布放时首应考虑防止钨铁沉入炉底，并保证整个炉料能够快速熔化。根据某厂的操作经验，现在采用的炉料布放形式如图 6-24 所示。

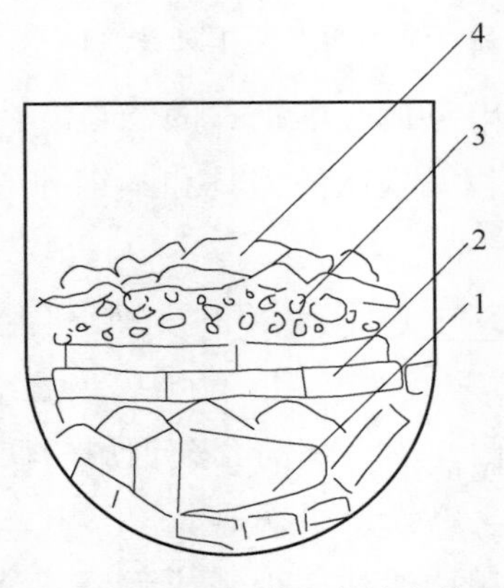

图 6-24 W18Cr4V 钢炉料在料斗或炉内的布放形式示意图

1—原料钢、碳素和合金废钢；2—本钢种返回料；3—钨铁；4—铬铁

表 6-58　某厂返回吹氧法冶炼 W18Cr4V 钢的配料实例

材料名称		质量/kg	C		Cr		W		V		P		Mn	
			质量分数/%	质量/kg	质量分数/%	质量/kg	质量分数/%	质量/kg	质量分数/%	质量/kg	质量分数/%	质量/kg	质量分数/%	质量/kg
装料加入	W18Cr4V 返回料	6000	0.73	43.8	4.1	246	18	1080	1.15	69	0.025	1.5	0.35	21
	废钢锭模	500	3.3	16.5							0.15	0.75	0.40	2.0
	高碳铬铁	413	7.85	32.4	68.23	281.8					0.016	0.066	0.44	1.82
	钨铁	2300	0.10	2.3			73.5	1690.5			0.042	0.968	0.15	3.45
	原料钢	5337	0.394	21							0.012	0.64	0.45	24
	合计	14550	0.80	116	3.63	527.8	18.90	2770.5	0.48	69	0.027	3.924	0.36	52.27
还原期加入	中碳铬铁	130			63.95	83.13					0.022	0.029		
	钒铁	270							43	116.1	0.090	0.243		
总　计		14950				610.93		2770.5		185.1		4.196		
回收率		97%			97	592.6	94	2604.27	82~95	152~176				
出钢成分（理论计算）		14500			4.09		18		1.08~1.23		0.0289			

注：钢种为 W18Cr4V，出钢量为 14.5t，冶炼方法为返回吹氧法。

在料斗的底部布放原料钢、碳素钢和合金废钢，大的（质量为500~600kg）布在下面，小的（质量为5~10kg）布在上面，当原料钢、碳素钢和合金废钢完全装入以后，将料面扒平，在上面装入本钢种返回料，再将料面扒平，使钨铁装在本钢种返回料以上料斗的中央部位，然后再装入高碳铬铁，将钨铁压住。装料时，如炉料锈蚀严重、质量很差时，应增加1%~2%的原料钢，以防止因炉料回收率低，发生钢水不足而引起“短锭”现象。如果炉料中因高碳原料缺乏，配入的碳不足，可在炉底装入块度为100~200mm的碎电极块或粒度为5~10mm的焦炭粒，它们的碳回收率以50%计算。

（2）在进料前炉底应铺加石灰20kg/t，进料时料斗的位置要合适，应使钨铁和铬铁能进入炉内高温区，并防止钨铁和铬铁进到电极下面，以避免铬、钨元素的过多挥发。

C 熔化期和氧化期

熔化期的通电和吹氧操作必须认真掌握，操作的好坏不但影响到冶炼时间的长短，而且关系到炉料能否正常熔化，从而影响到整个冶炼过程的顺利进行和钢的质量。现在一般都采用大功率通电“穿井”熔化工艺，这种通电操作熔化炉料很快，但有时会出现炉底上炉料“难熔”的现象，这是由于通电功率高，炉料“穿井”得很快，炉底的钢液面不断地急剧上升，电弧在炉底部分停留的时间相应很短，因此在炉底的炉料加热时间很短，熔化极慢。为了防止发生炉底上炉料“难熔”的现象，必须在炉料熔化至70%~80%以后，开始吹氧助熔，将氧气管对准炉底上未熔化的炉料吹氧，以加速炉料的熔化。吹氧助熔的压力不能过大，一般以3~4atm[1]为宜。

炉料熔清后取样分析碳、锰、硅、磷的含量，这时硅含量一般已氧化到0.05%~0.15%，锰含量已氧化到0.10%~0.20%。

当炉料全部熔化后，开始吹氧脱碳，进入氧化期。

为了充分地去除钢液中的硅和气体，氧化期脱碳量一般要求大于0.10%，吹氧管应插入钢液进行深吹，氧气压力为4atm左右。吹氧时间的长短决定于氧气压力、流量和钢液温度。吹氧毕终点碳含量的控制取决于还原期的增碳情况，一般应低于钢种规格下限0.05%以上；但终点碳含量又不宜过低，因为终点碳含量过低，钢液中的含氧量增高，将会增加还原的困难。

---

[1] 1atm=101325Pa。

在吹氧脱碳时，一般采用停电操作，但如果钢液温度低时，也可以通电吹氧，通电吹氧能很快地升高钢液温度和炉渣温度，从而提高炉渣的流动性；但通电吹氧有时会造成钢液温度过高的情况，给还原操作带来困难，所以应根据钢液的实际温度灵活掌握。

由于熔化期的吹氧助熔和氧化期的吹氧脱碳，钢中的合金元素大量被氧化，发生以下的氧化反应：

$$2W + 3O_2 = 2WO_3$$

$$4Cr + 3O_2 = 2Cr_2O_3$$

$$4V + 5O_2 = 2V_2O_5$$

在氧化末期，某些氧化物在渣中的含量（质量分数）范围大致如下：

V_2O_5 1.5% ~ 5.0%，WO_3 3.0% ~ 8.0%，Cr_2O_3 15% ~ 35%，FeO 10% ~ 25%。

上述氧化物的含量取决于炉渣的碱度、钢液的温度和吹氧的情况，如果炉渣的碱度低、钢液的温度低、氧气压力低、吹氧时间长，则氧化物在渣中的含量将会很高。

吹氧结束以后，由于渣中含有大量的 Cr_2O_3、WO_3、V_2O_5 和 FeO，因而呈黑色。某厂曾对炉渣成分进行过分析，结果列入表 6-59 中。

表 6-59　氧化末期炉渣中氧化物的含量

氧化物名称	CaO	SiO_2	Al_2O_3	Cr_2O_3	WO_3	V_2O_5	MgO	FeO	P_2O_5	MnO	其他
含量（质量分数）/%	20.96	14.90	1.11	22.68	3.80	1.51	5.93	10.85	—	—	余量

此时的炉渣很黏，有时甚至连钢液面也没有被完全覆盖住，因此应向炉内加入料重 1%左右的石灰，增加炉渣的碱度，以提高合金元素的回收率，然后用硅铁粉进行预脱氧和稀化炉渣，硅铁粉分 2~4 批加入炉内，每批用量为 0.5~1kg/t。当炉渣的流动性好转、终点碳含量合适时，即可进行还原。但当分析结果为钢中碳含量仍高时，应再进行吹氧脱碳，直至终点碳含量合适后，再进行预脱氧，而后才可进行还原。

D　还原期

用电石（有时也掺入适量的硅铁粉、炭粉或萤石）进行还原，电石用量为 10~15kg/t，分一批或几批加入炉内，用大功率送电，使炉内电石渣很快地形成，这时应紧闭炉门，使炉内保持良好的还原气氛。在还原初期，炉内进行着如下反应：

$$(WO_3) + (CaC_2) = [W] + (CaO) + 2CO\uparrow$$

$$(Cr_2O_3) + (CaC_2) = 2[Cr] + (CaO) + 2CO\uparrow$$

$$3(FeO) + (CaC_2) = 3[Fe] + (CaO) + 2CO\uparrow$$

如果在电石中掺有炭粉或硅铁粉时，还会发生以下反应：

$$(WO_3) + 3C = [W] + 3CO\uparrow$$

$$(Cr_2O_3) + 3C = 2[Cr] + 3CO\uparrow$$

$$(V_2O_5) + 5C = 2[V] + 5CO\uparrow$$

$$(FeO) + C = [Fe] + CO\uparrow$$

$$2(WO_3) + 3Si = 2[W] + 3(SiO_2)$$

$$2(Cr_2O_3) + 3Si = 4[Cr] + 3(SiO_2)$$

$$2(V_2O_5) + 5Si = 4[V] + 5(SiO_2)$$

$$2(FeO) + Si = 2[Fe] + (SiO_2)$$

由于渣中的 Cr_2O_3、WO_3、V_2O_5 和 FeO 被还原，其颜色即逐渐地由黑色转变为棕色、淡绿一直到白色。如果炉渣不易变白或炉渣过多时，可以扒去部分或全部的炉渣，再造新渣；然后补加适量的电石（也可掺入适量的炭粉和硅铁粉）进行还原。

当炉渣变白或“基本”变白时，应充分地进行搅拌，取样两次以上作全分析，并进行测温，这时钢液的合适温度应在 1620~1640℃范围内（在还原期不宜停电或用过小功率送电操作）。接着用硅钙粉保持白渣，并根据炉渣的情况，加入适量石灰或萤石进行调整，以确保脱氧过程的良好进行。

某厂对还原后期的炉渣成分进行过分析，其结果见表 6-60。

表 6-60 还原后期的炉渣成分

氧化物名称	CaO	SiO_2	Al_2O_3	MgO	CaS	CaC_2	P_2O_5	CaF_2	MnO	FaO	Cr_2O_3	V_2O_5
含量（质量分数）/%	55.2	21.04	3.67	7.32	0.84	0.54	0.05	8.26	0.10	0.20	0.10	0.25

根据分析的结果，调整化学成分。但如果在两个试样中，钨含量相差 0.30%，碳含量相差 0.03%以上，锰或硅含量不小于 0.35%，磷含量大于或等于标准要求时，应重新取样分析；若分析结果确定碳含量在规格上限或高于规格，锰或硅含量不小于 0.35%时，应进行重氧化，锰含量高重氧化后需进行扒渣，否则还原后锰含量仍会升高。磷含量大于标准要求时应作为原料钢出炉。

在调整化学成分时，W18Cr4V 钢中成品元素可按表 6-61 的范围进行控制。

表 6-61 W18Cr4V 钢中成品元素控制范围

元素	C	W	Si	Mn
含量（质量分数）/%	0.73~0.78	17.5~18.30	0.15~0.35	

当加入的铁合金完全熔化后，钢液温度在 1570~1590℃范围（二次结膜时间为 23~33s），白渣保持时间不小于 30min，炉渣的流动性合适，渣中的 FeO 含量不大于 0.40%时，即可插铝 0.3kg/t，而后出钢。出钢前 3~5min 以大功率送电化渣，并充分搅拌钢液，出钢时要求钢、渣齐出。

E 冶炼过程中钢液温度与供电制度的控制

在高速工具钢的冶炼过程中，控制好钢液温度和供电制度有极为重要的意义。因为钢液温度不但影响到冶炼操作的进行，而且对钢材的质量，特别是对钢材的碳化物不均匀性影响很大。因此，掌握合理的供电制度正是控制钢液温度的重要手段之一。

高速工具钢在还原过程中，钢液温度的变化应该“先高后低”，即中上温度精炼，中温出钢，中下温度浇铸。

在冶炼过程中，输入功率也应“先高后低”，即熔化期用最大功率，以后逐级下降。图 6-25 是某厂变压器功率 3000kV·A、装料量 12t 的电弧炉，冶炼 W18Cr4V 钢的供电制度实例。

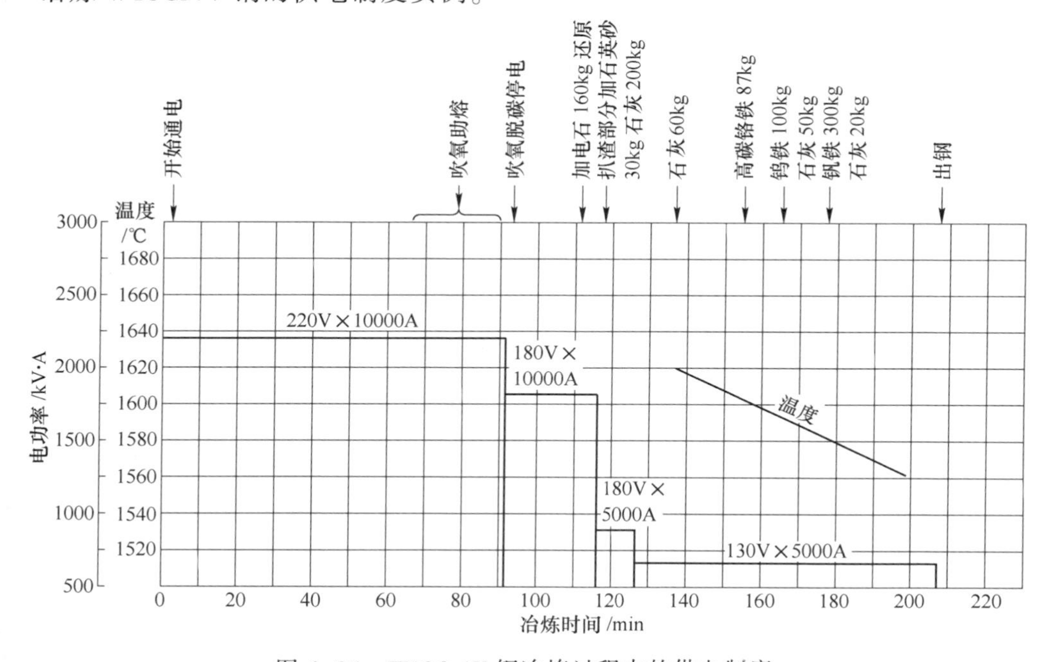

图 6-25 W18Cr4V 钢冶炼过程中的供电制度

6.3.3.2 高钒高速工具钢的冶炼工艺

高钒高速工具钢的冶炼工艺基本上与 W18Cr4V 钢相同，仅由于含钒量很高，需要加入大量的钒铁，而钒又容易烧损，所以不能和炉料一起进入炉内，也不能在氧化期加入，只能在还原期加入。其操作要点如下：

(1) 因还原期加入大量钒铁，降碳较多，所以要掌握好氧化末期的终点碳含量，勿使过低；

(2) 钒铁可在还原初期按标准要求低限加入炉内，并须待钒铁全部熔化后，方可搅拌和取样分析。

6.3.3.3 含铝高速工具钢的冶炼工艺

含铝高速工具钢的冶炼工艺，在加铝以前基本上也和 W18Cr4V 钢一样，铝的合金化是在其他元素调整好以后将近出钢前进行的。加铝前需全部扒渣，然后加入铝锭，经充分搅拌后再加渣料重新造渣，渣料的配比为：石灰：萤石=2：1~3：1（不能加入火砖块），渣料的用量比还原渣料要少，约为料重的3%，渣料加入后用大功率送电化渣，在化渣过程中采用2~3批铝粉进行还原，每批1~3kg/t，待炉渣造好后即可出钢。

铝的回收率为70%~80%，其高低与加铝之前的钢液温度有很大关系，如图6-26所示。

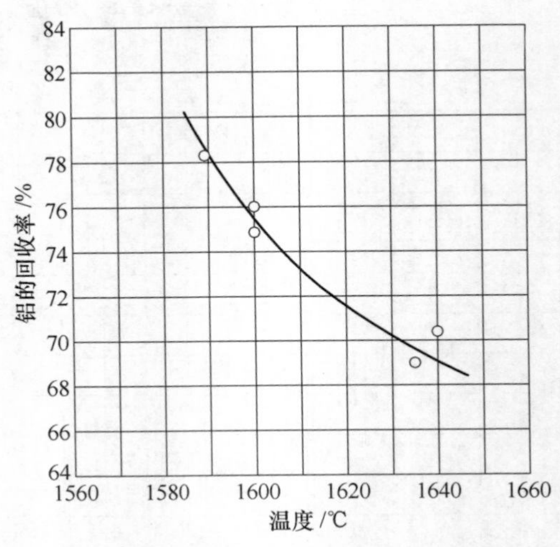

图6-26 加铝前钢液的温度对铝回收率的影响

由图6-26可以看出，铝的烧损随着钢液温度的升高而增加。钢液的温度在加铝以后升高0~15℃，因此在加铝前钢液温度不能太高，宜控制在1560~1600℃的范围内。

加铝以后，钢中增硅量在0.05%~0.15%。

6.3.3.4 高速钢切屑直接炼钢

切屑是工具厂在制造刀具时切削下来的碎金属，其特点是混杂、锈烂、油污多。某厂采用的这类原料，由W6Mo5Cr4V2钢和W18Cr4V钢的切屑混合而成，混合的比例不很清晰。以上两种钢号的钨、钼含量虽然不同，但这两种元素对高速钢性能的影响基本相似，可按一定比例互相替代（1%的钼约相当于2%的钨），并不影响钢材的使用性能。

高速钢切屑直接炼钢的工艺特点如下：

（1）由于切屑混杂、锈烂、油污多，因此在操作过程中必须认真仔细，并正确估计熔损。具体做法是：1）炉料正确称重；2）仔细检查切屑质量情况，有利于较精确地估计熔损；3）在切屑全部熔清后，可根据钢水液面的高低进一步核实钢水量；4）出钢后，浇钢工要比较准确地估计钢包内的钢水量。

（2）切屑是在炉前用料箱倒入炉内的。

（3）为了去除气体及夹杂物，脱碳量要求大于0.15%。

（4）为了保证得到较高的合金回收率和较低的切屑熔损，一般采取两次还原，即全熔后进行第一次，使合金元素还原，然后扒渣和重新造新渣。新渣造好后再进行一次吹氧脱碳和还原及调整成分等操作。

（5）切屑的熔损和合金的回收：切屑的回收率为85%~95%，平均90.5%。合金的回收率，钨、钼较稳定，钼的回收率为95%~96%，钨为90%~94%。铬的熔损（经还原后）波动较大，在吹氧脱碳前的回收率为79%~99%，平均为89%，经过扒渣吹氧后，铬又平均被再烧损1.78%。钒的回收率也不稳定，波动在55%~95%。总的来说，合金回收率决定于切屑的锈烂和混杂程度以及冶炼还原情况。

6.3.3.5 钨系高速工具钢的浇铸工艺（以W18Cr4V为例）

A 镇静时间的确定

高速工具钢大多采用小锭型（质量小于1t）、下注法浇铸，因为下注法能得到良好的钢锭表面，内在质量也较有保证。

钢包的水口砖孔径取决于每一块浇铸平板上的钢锭支数和钢锭的单位重量；水口砖孔径一般选用 40～60mm。

W18Cr4V 钢的熔点约为 1465℃，每一钢号的高速工具钢由于含碳量和合金元素的不同，熔点波动在 1430～1470℃范围内。通常出钢温度要比钢的熔点高出 100～150℃。当 W18Cr4V 钢出钢温度控制在 1570～1590℃、钢包内的钢液质量为 12～14t 时，一般镇静时间为 5～8min。

B 钢液在锭模内的保护方法和浇铸速度的控制

目前采用的保护浇铸方法有：锭模涂油木框保护、石墨渣保护和煤渣粉加苏打粉保护等。

浇铸速度的控制：应在确保钢锭表面质量良好的前提下，尽量采用“低温快注”；当采用木框保护浇铸时，钢液在锭模内宜为薄膜平稳上升；当用固体渣保护浇铸时，以确保固体渣不翻入模壁，模内钢液不沸腾，平稳上升即可。

C 钢锭的起吊和脱模

钢锭浇铸完毕，对质量为 500～800kg 的钢锭，模冷 1.5h 后脱帽，模冷 4h 后脱模，脱模后应及时退火或送加工车间加热锻打。

D 钢锭的退火与精整

（1）钢锭的退火：高速工具钢属于莱氏体钢，其铸态组织是由一次碳化物和奥氏体组成的网状莱氏体共晶体，由于该共晶体是在较高的温度下形成的。在冷却时，因冷却程度的不同，部分莱氏体保留下来，钢中的奥氏体一部分转变为马氏体，一部分转变为屈氏体和索氏体或珠光体，另一部分以残余奥氏体的形式保留下来。钢在冷却过程中的这种组织转变，会使钢锭产生组织应力，特别是在发生马氏体转变时，体积膨胀，应力更大。另外，钢锭冷却过程中还存在着热应力，脱模过早这种应力就大。因为铸态的高速钢在低温时的强度和塑性特别低，当钢锭中的组织应力和热应力大于其强度时，就使钢锭产生裂纹，这种裂纹一般称为应力裂纹；其形状为蜘蛛网状，通常对钢锭采取退火来防止这种裂纹的产生。

高速钢钢锭的退火温度，某厂采用 900～950℃，退火曲线见表 5-6。

（2）钢锭的精整：为了提高钢锭的锻造成材率，钢锭必须有良好的表面。为此，经过退火的钢锭在转入锻造车间以前要采用砂轮研磨，进行表面清理，但该钢种在使用砂轮研磨时应特别注意，不能用力过大或在一个地方长时间地研磨，以免局部温度过高而产生裂纹。

6.3.3.6 高速工具钢钢锭不退火直接加热锻造

为了缩短高速钢钢材的生产周期，某厂曾进行了较多批量的高速钢钢锭不经退火直接加热锻造的试验。结果初步表明，这一生产工艺在一定程度上还是可行的，但其机理尚需继续研究。当采用这一工艺时应注意：

（1）热送钢锭的表面必须良好，基本上要符合钢锭表面质量检验标准，因为热送的钢锭不再进行退火和精整了。

（2）在热送钢锭进行锻造时，冶炼车间和锻造车间需要良好的配合，先将热送钢锭及时地进入加热炉内，500kg 重的钢锭应在 24h 内热送锻造车间，而锻造车间则必须在 3d 之内加热锻造，时间过长在锻造时易产生裂纹。

（3）热送钢锭在进行锻造时，加热、锻造等操作必须过细，因为钢锭未经退火，应力较大。钢锭在加热时，其加热速度应比退火钢锭缓慢些，并应保持足够的保温时间。

6.3.4 高速工具钢的常见缺陷及其改进途径

在高速工具钢的生产过程中，遇到的主要质量问题有碳化物不均匀性、大块角状碳化物、断口夹杂物、钢锭裂纹等缺陷。

6.3.4.1 碳化物不均匀性

碳化物不均匀性是衡量高速工具钢质量的主要技术指标。多年来，各国都把改善碳化物不均匀性作为提高高速工具钢质量的重要途径。

A 碳化物不均匀性对高速工具钢性能的影响

（1）降低钢的力学性能：试验指出，钢中碳化物不均匀性级别越高，则钢的抗弯强度、冲击韧性、挠度就越低。表 6-62 为碳化物不均匀性对钢的力学性能的影响。

表 6-62 碳化物不均匀性对 W18Cr4V 钢力学性能的影响

碳化物不均匀性级别/级	抗弯强度/MPa	冲击韧性/$J \cdot cm^{-2}$	挠度/mm
2	3000	21.6	4.2
4	2750	19.6	3.8
6	2400	14.7	2.5
10（铸态）	1200~1800	—	0.6

（2）增加工具在淬火时产生裂纹的敏感性：工具在淬火时往往在碳化物

堆积和块度较大的部位产生裂纹。

（3）易使工具在使用过程中造成表面剥落。

（4）降低工具使用寿命。

B 碳化物不均匀性的形成原因

为了了解高速工具钢中碳化物不均匀性的形成原因，必须研究高速工具钢钢液在冷却过程中的变化形式——结晶过程。

高速工具钢钢液中含有大量的碳化物形成元素如钨、铬、钒等，根据含钨18%、铬4%的铁碳平衡图（见图6-27）可以知道，钢液约在1450℃开始结晶，首先自钢液中析出δ固溶体（晶粒），随着钢液温度下降，在1370℃左右，δ固溶体与钢液按下列包晶反应相互作用：

$$\delta + \text{钢液} \longrightarrow \gamma + \text{钢液}$$

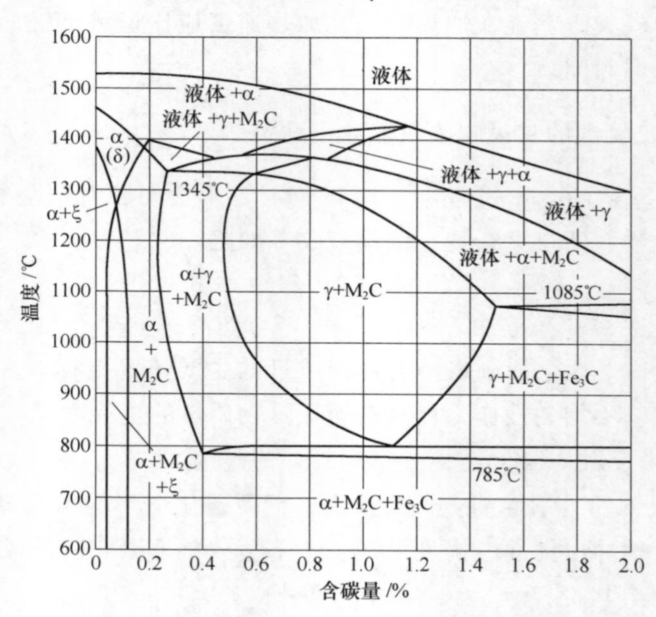

图6-27 含钨18%、铬4%的铁碳平衡图

当钢液温度继续下降至1320℃时，余下的钢液便发生共晶反应：

$$\text{钢液} \longrightarrow \gamma + \text{碳化物(一次)}$$

此反应一直进行到钢液结晶完毕（完全凝结成固体为止），共晶反应的结果形成了由碳化物和γ固溶体（晶粒）组成的两相共晶体（莱氏体共晶），这个共晶体在结构上以脆性的网络形式分布在先形成的γ晶粒边缘，显著地恶化了钢的性能，随着钢的塑性变形，脆性共晶体网络被破碎，结果沿加工变形方向呈条带状分布。钢的变形量越大，脆性的共晶体网络破碎得越好；如钢的变形量不足（加工压缩比小），则共晶体网络有可能未被完全破碎，这时碳化物即呈不同程度的分叉状分布。上述碳化物的两种分布情况，就构成了高速钢钢材的碳化物不均匀性。

C 改善碳化物不均匀性的途径

高速工具钢的碳化物不均匀性是由一次碳化物引起的，一般不能用热处理的方法加以改善，采用塑性变形虽能使碳化物不均匀性得到一定程度的改善，但也不是治本的办法。改善碳化物不均匀性的主要方法是控制钢液的结晶条件、细化铸态共晶体的网络；而结晶条件的控制，只能在钢液的浇铸过程中进行。

从高速工具钢的结晶过程中可以看到，钢液结晶之后，晶粒越细，则围绕晶粒的铸态共晶体的网络也越细，正是由于细化的共晶体网络在加工过程中容易被破碎，从而改善了钢的碳化物不均匀性。

根据上述原理，目前，大都采用以下的方法，使高速工具钢得到细小的铸态晶粒，从而改善它的碳化物不均匀性。

a 正确控制钢液温度

钢液温度对钢的碳化物不均匀性影响很大，其中具有决定性意义的主要是浇铸温度。实践证明，如果浇铸温度较低，则钢的碳化物不均匀性级别便较小，而浇铸温度的高低又是靠控制出钢温度、镇静时间和浇铸速度来达到的。从表6-63和图6-28~图6-30可以分别看出出钢温度、镇静时间和浇铸速度对碳化物不均匀性的影响。

表6-63 镇静时间对钢材碳化物不均匀性的影响

镇静时间/min	4	5	6	7	8
统计炉数/炉	3	8	3	5	2
碳化物不均匀性最大级别的平均值/级	4.67	3.7	3.3	3.1	2.75

注：锭型为780kg扁锭；钢材规格为ϕ60~80mm。

从上可以看出，在冶炼和浇铸过程中，为了改善钢材的碳化物不均匀性，在不影响钢的其他质量的条件下，应当采取中温出钢，适当地延长镇静时间，并有合适的浇铸速度相配合，使钢液处于较低的温度下浇铸。

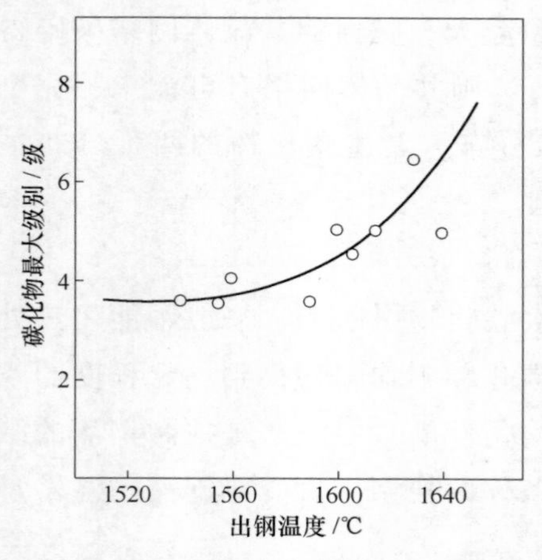

图 6-28 出钢温度对钢材碳化物不均匀性的影响

（锭型为 780kg 扁锭；钢材规格为 ϕ60～80mm；钢液在钢包中的镇静时间相同）

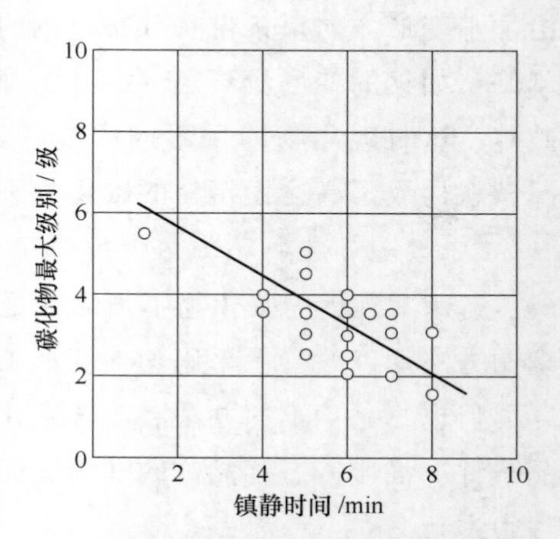

图 6-29 镇静时间对钢材碳化物不均匀性的影响

（锭型为 525kg 扁锭；钢材规格为 ϕ40～60mm）

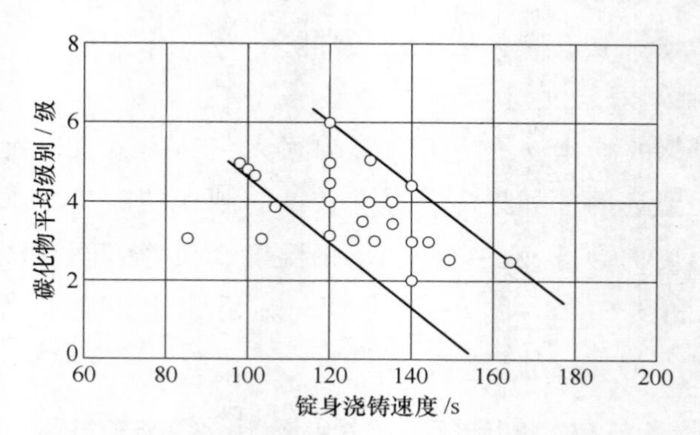

图 6-30 浇铸速度对钢材碳化物不均匀性的影响

（锭型为 780kg 扁锭；钢材规格为 ϕ60～80mm）

b 合理的选择锭型

钢锭的形状与大小，对碳化物不均匀性也有很大的影响。因为钢液在锭模内结晶时，冷却速度越快，则得到的钢锭铸态共晶体网络就越细小；而钢锭越小，则散热面积越大，冷却速度越快，越有利于改善钢的碳化物不均匀性。一般高速工具钢都采用质量小于 1t 的锭型。图 6-31 为不同重量的钢锭，由于冷却强度的不同对碳化物不均匀性的影响。

但是锭型过小也不适宜，因为在生产大规格的钢材时，加工压缩比太

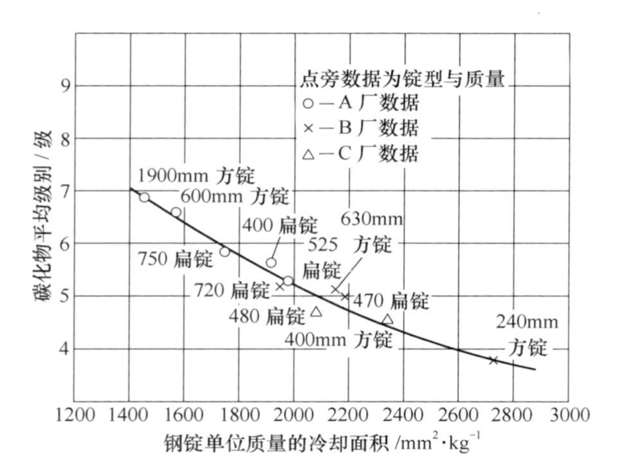

图 6-31 在压下量相同的情况下，冷却强度对钢材碳化物不均匀性的影响

小，碳化物网络得不到很好的破碎，对碳化物不均匀性会产生不良影响，如图 6-32 所示。

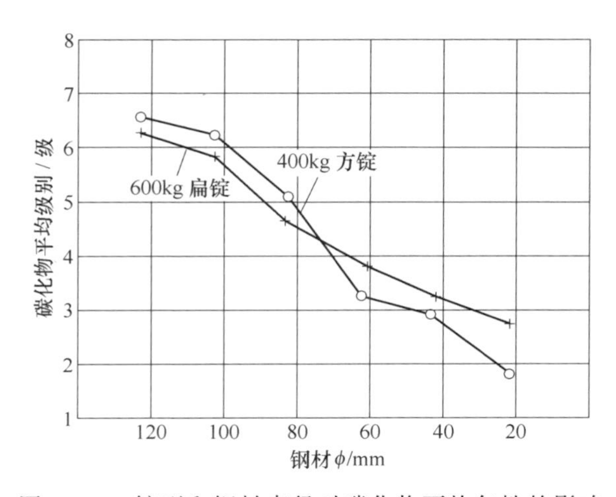

图 6-32 锭型和钢材直径对碳化物不均匀性的影响

为了正确处理上述矛盾和进一步加强钢液的冷却速度，目前，在高速工具钢生产中大都采用扁钢锭。扁钢锭与方钢锭相比，在相同的横截面积条件下，具有较大的表面积，因而增大了散热面积，提高了钢锭的冷却速度，从而细化了铸态共晶体网络，改善了碳化物不均匀性；而且扁钢锭在加工变形中有“走扁方”反复变形的过程，有利于碳化物网络的破碎。实际生产表明，扁钢锭对改善碳化物不均匀性有明显的效果，见表 6-64。

表 6-64 不同锭型的碳化物不均匀性的比较

直径/mm	碳化物不均匀性的平均级别/级			
	400kg 方锭	600kg 方锭	525kg 扁锭	780kg 扁锭
120	7.25	6.48	6.40	6.25
100	6.1	5.85	5.56	5.30
80	5.69	5.3	5.13	4.75
60	4.06	4.25	3.56	3.47
40	2.89	3.22	2.63	3.68
22	2.37	2.58	2.25	2.39

综上所述，在生产高速工具钢时，应根据各厂的条件，选择合理的锭型，既要保证钢锭有大的冷却速度，又要有较大的加工压缩比，这样有利于改善钢的碳化物不均匀性。

6.3.4.2 大块角状碳化物

高速钢中一次碳化物的颗粒度在正常情况下为 40~50μm（W18Cr4V 钢中），但有时会出现超过此值一倍以上的大块角状碳化物。大块角状碳化物往往呈带有棱角的多边形。

高速钢中存在大块角状碳化物，将会恶化钢的性能，增强了钢材在淬火时产生裂纹的敏感性，降低了硬度，影响到工具的使用寿命。存在这一缺陷的钢材，一般不宜制造复杂的刀具。

A 形成大块角状碳化物的原因

高速钢中形成大块角状碳化物的原因如下：

（1）在冶炼时钨铁中的碳化物未完全溶解在钢中。

（2）锭型不合理，钢锭过大。

（3）浇铸温度太高。

（4）钢材在热加工和热处理时，于高温下（W18Cr4V 钢在 1200℃左右）长时间加热。

B 防止和改善大块角状碳化物的途径

防止和改善高速钢中形成大块角状碳化物的途径有：

（1）在冶炼过程中，钨铁应在炉料中一起装入；在还原期尽量少加钨铁；调整成分时，补加钨铁后要有充分的熔化时间，并不断地搅拌钢液，待钨铁完全熔化后才可出钢。

（2）采用较低的浇铸温度。

（3）采用较小的钢锭或扁锭。

（4）正确控制钢材在热加工和热处理时的加热温度及保温时间。

大块角状碳化物多集中在钢材的中心部位，有角状碳化物的钢材，在酸浸后的低倍试样中心部位，往往会出现因角状碳化物剥落而产生的发暗的凹坑和麻点，通常称为低倍碳化物剥落。

6.3.4.3 断口夹杂

A 断口夹杂及其对钢的危害性

断口夹杂是一种冶金缺陷，用宏观淬火断口检验法，在试样的纵向断口上可以检视出钢中夹杂物的分布情况，这种夹杂物在试样断口上往往呈现一条黑线，通常称为断口夹杂。

某厂曾对断口夹杂进行过定性分析，发现在缺陷处有如下一些类型的夹杂物：铁锰硅酸盐、铝硅酸盐、钙硅酸盐、锰硅酸盐、钒铁矿、铁锰氧化物、氧化亚铁、氧化亚锰、氮化钒，以及铬的氧化物等。

断口夹杂是高速工具钢不允许存在的缺陷；存在断口夹杂的钢材往往由于出现开裂而报废。

B 断口夹杂的形成原因及其影响因素

关于断口夹杂的形成原因，目前尚未完全确定，一般认为外来夹杂和内在夹杂都能引起断口夹杂的产生，其影响因素也很多，下面对此进行介绍。

（1）炉体不良对产生断口夹杂有很大关系：据某厂统计，当炉体情况正常时，断口夹杂的出现率约32%；而当炉体情况不良时，断口夹杂的出现率竟高达81.5%。由于炉体不良，在冶炼过程中炉衬材料不断浮起，使炉渣变稠，影响钢的脱氧，不利于钢液中夹杂物的上浮，因而导致断口夹杂的产生。

（2）氧化期脱碳量对断口夹杂的影响：据某厂统计，当吹氧脱碳量小于0.10%时，钢的断口夹杂出现率为34.5%；而当脱碳量不小于0.10%时，则钢的断口夹杂出现率为13%；这是因为脱碳量不小于0.10%时，钢液有足够的沸腾时间，使炉料内带入的夹杂物得以充分的上浮和排除，所以目前在返回吹氧法冶炼高速工具钢的工艺中，氧化期脱碳量一般规定为不小于0.10%。

（3）冶炼后期加入的铁合金对断口夹杂的影响：高速工具钢使用的铁合金一般熔点都很高，而且含有夹杂物，特别是高碳铬铁内所含夹杂物很多，加上许多合金在进入钢液后，具有脱氧作用，导致脱氧产物的生成。因此在还原期尽可能少向炉内加钨铁和铬铁，加入铁合金后需有足够的时间以保证合金完全熔化，并使脱氧产物充分地上浮，这样可以减少钢材断口夹杂的出现率。某厂曾做过统计，自钒铁加入后至出钢时间的长、短对断口夹杂的影响，其数据见表 6-65。

表 6-65 钒铁加入后至出钢时间的距离对钢材断口夹杂的影响

钒铁加入后至出钢的时间/min	断口夹杂出现率/%
≤20	88.2
21~30	25
>30	15

(4) 脱氧操作对断口夹杂的影响：脱氧操作对钢的断口夹杂影响很大，某厂资料认为：出钢时，钢液中平均的残余硅含量由 0.125%提高到 0.19%时，或成品硅含量由 0.14%提高到 0.26%时，断口夹杂将会消除。由此可见，在冶炼高速工具钢的还原期，保持钢液中有较高的硅、锰含量，能有效地降低氧在钢液中的溶解度，从而可以减少或消除钢材的断口夹杂。根据某厂的经验，成品钢中的硅、锰含量控制在 0.25%~0.30%较好。但须指出，上述硅含量最好是在还原过程中用硅铁粉扩散还原来达到，不要依靠后期补加硅铁来实现。

某些资料认为，出钢时炉渣成分对断口夹杂也有较大的影响。当炉渣碱度 $w(CaO)/w(SiO_2)$ 大于 3.5 时，断口夹杂的出现率将下降；炉渣中 SiO_2 含量小于 10%时，断口夹杂的出现率最低；而当渣中的 SiO_2 含量在 11%~19%时，则断口夹杂的出现率有所增高。

提高炉渣的流动性，对减少断口夹杂也有很大的效果。炉渣的流动性好坏不但影响到冶炼过程的脱氧反应，而且影响到出钢过程中炉渣混入钢液以后能否顺利排除的问题。渣中 CaC_2 含量增高，将会显著地降低炉渣的流动性，而且在出钢过程中炉渣混入钢液后不易排除，所以在出钢前 3~5min 内最好用大功率送电，破坏渣中的 CaC_2 和提高炉渣的流动性。

(5) 出钢温度和镇静时间对断口夹杂的影响：根据某厂经验，提高出钢温度，能够有效地减少和消除断口夹杂。这里存在着一个矛盾，为了减少或消除断口夹杂，出钢温度宜控制在工艺规定的中上限；但从改善碳化物不均匀性来看，又希望控制在中温出钢。因此，可根据具体情况灵活掌握。

镇静时间对断口夹杂的影响如图 6-33 所示。出钢后钢液在钢包内的镇静时间不小于6min时，断口夹杂得以完全消除。

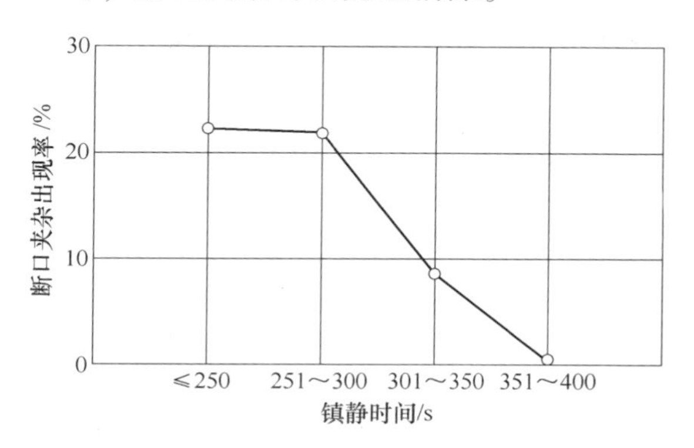

图6-33 镇静时间对钢中断口夹杂的影响

（6）浇铸系统的耐火材料质量和清洁工作对断口夹杂的影响：图6-34示出了钢包的使用寿命与断口夹杂的影响，可以看出，高速工具钢在浇铸过程中，耐火材料的质量及其浸蚀程度对钢的断口夹杂影响很大。某厂把用普通耐火砖砌筑的钢包改用沥青煮过的耐火砖砌筑，钢材断口夹杂的出现率显著降低。

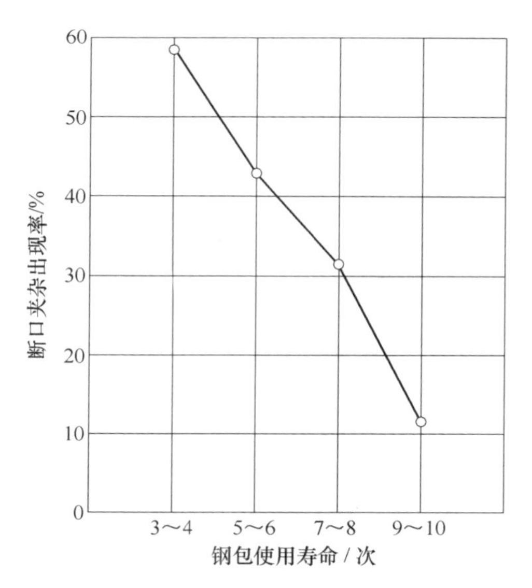

图6-34 钢包使用寿命对断口夹杂的影响

综上所述，导致断口夹杂生成的因素很多，很复杂，在具体生产实践中，必须有分析地抓住主要矛盾，制订出相应的有效措施，予以解决。

6.4 不 锈 钢

不锈钢在合金钢生产中占有较大的比重，目前在一般工业发达的国家，不锈钢的产量可占总钢产量的1.0%~1.5%，占合金钢总产量的10%~15%。

据统计，至1970年，不锈钢的牌号已达230多种，其中最常见的有铬13型和18-8型不锈钢；其他许多牌号的不锈钢，大多在铬13型和18-8型不锈钢的基础上，改变碳、铬元素的含量，并加入钼、铜、钛、铝、氮等元素演变而来的。

近年来，随着原子能、宇宙航行、海洋开发等尖端科学以及石油、石油化工、化学纤维等工业的飞速发展，对不锈钢的产量、品种和性能等方面提出了许多要求，目前不锈钢的生产趋向是：发展抗应力腐蚀破裂的不锈钢、超低碳不锈钢、高强度不锈钢、节镍不锈钢、两相不锈钢以及特殊用途的耐蚀不锈钢等。

不锈钢的品种已有钢管、钢带、钢丝、钢棒、钢饼、钢环、钢板，以及其他许多种异型钢材。

6.4.1 不锈钢的分类和用途

不锈钢是一个总称，如果按用途来分，可以分为抗大气腐蚀不锈钢、耐酸不锈钢和耐热不锈钢等，但在实际使用中，上述三者却难以严格区分，往往一种不锈钢既可作为抗大气腐蚀不锈钢，又可作为耐酸或耐热不锈钢来使用。一般地说，具有抗酸和耐热特性的不锈钢都具有良好的抗大气腐蚀性，而作为在抗大气腐蚀条件下使用的不锈钢也不是丝毫没有抗酸的能力。例如：0Cr13、1Cr13、2Cr13等，它们在弱的腐蚀介质中，如淡水、海水、硝酸及浓度不高的有机酸中，当温度不超过30℃时，也具有良好的抗腐蚀性能；但在腐蚀条件再苛刻的条件下，抵抗介质腐蚀的性能就差了，所以在通常情况下把它们作为抗大气腐蚀的不锈钢来使用。

不锈钢按金相组织来分类，主要可分为马氏体不锈钢、铁素体不锈钢和奥氏体不锈钢等三类。

马氏体系不锈钢，在高温状态下γ相十分稳定，由于钢中含铬量较高，淬火的临界速度小，因此小断面的钢材，当加热到淬火温度后并于空气中冷却时，即能使奥氏体全部转变为马氏体，所以这类钢称为马氏体钢。例如直径25mm的2Cr13钢，当加热到950~1050℃时，随即进行空冷，即能得到马氏体；当零件的断面尺寸较大时，可用油淬的手段得到马氏体。由于钢的化学成分和热处理方法不同，有时钢的组织也会出现一定量的残余奥氏体、铁素体或珠光体。马氏体不锈钢除 2Cr13 外，常见的还有 3Cr13、4Cr13、9Cr18 等。

铁素体型不锈钢，它们没有相变，即在任何温度范围内都显示铁素体组织，它们不能通过热处理的手段来改变其力学性能。这类钢一般是含铬 16% 以上的低碳不锈钢，如 Cr17、Cr25、Cr25Ti、Cr28、Cr17Ti、Cr17Mo2Ti、Cr25Mo3Ti 等。当向该钢中加入一定数量的奥氏体形成元素如碳、镍时，高温下能成为 $\alpha+\gamma$ 的双相组织，在常温下冷却下来，便转变成为 $\alpha+M$ 的双相组织。例如：Cr17Ni2 就是在 Cr17 的基础上增加 3%左右的镍，便成为马氏体-铁素体双相钢的，它能通过热处理的方法来提高性能，所以强度比 Cr17 钢高得多，而钢中的铬含量仍保持在 Cr17 钢的水平，所以耐蚀性不亚于 Cr17 钢。

奥氏体系不锈钢，当不锈钢中存在大量的奥氏体形成元素，如含镍大于 8%时，钢的组织无论在高温或室温下都是奥氏体。这类钢常见的有 18-8 型不锈钢，如 0Cr18Ni9、1Cr18Ni9、2Cr18Ni9 和 1Cr18Ni9Ti 等（1Cr18Ni9Ti 钢中因含有钛元素，故能产生少量 α 相），这类钢除了具有良好的抗酸性外，还有好的塑性、韧性、冷热加工性、可焊性、抗磁性及热强性等。

不锈钢的用途很广泛，目前主要用于医疗器械、化学纤维、石油化工、仪表、电机、制药、食品、造船、航空、宇宙航行、原子能等工业以及制造日常生活用品等。

6.4.2 不锈钢中主要合金元素的作用

不锈钢中常含有碳、锰、镍、氮、铜、铬、钼、钨、钛、铌、钒、铝、硅等化学元素，其中：碳、锰、镍、氮、铜是奥氏体形成元素，铬、钼、钨、钛、铌、钒、铝、硅是铁素体形成元素。不锈钢中各元素成分的变化，将会影响到钢的组织和性能。

6.4.2.1 奥氏体形成元素

A 碳

碳对于一般钢种的影响，主要表现在钢的强度、硬度和淬透性等方面，而不锈钢中的碳对钢的组织和性能影响特别大。归纳起来有以下两个方面：

（1）能显著地扩大奥氏体区域，它的作用相当于镍的 30 倍。为了使钢成为单相的奥氏体组织，以便于加工，所以从加工的角度考虑，希望能适当提高钢的含碳量。

(2) 由于碳和铬的亲和力很大，它能与钢中的铬形成一系列复杂的铬的碳化物，如 $(Cr, Fe)_3C$、$(Cr, Fe)_7C_3$、$(Cr, Fe)_{23}C_6$ 等，从而大大地降低了钢的耐腐蚀性能，特别是降低了钢的晶间腐蚀性能。这是一个矛盾，要解决这个矛盾，必须结合钢的使用要求来考虑，如果钢种使用在化工系统等腐蚀性较强的介质中，对抗腐蚀性的要求很高，而对钢的强度要求不高时，钢中的碳含量希望控制得低一些，目前大多数不锈钢的含碳量都在 0.03%~0.20%范围内。但是，如果采用不锈钢来做轴承、刀具、弹簧和航空发动机的结构件时，对钢的强度、硬度及耐磨性要求严格而对耐腐蚀性要求不高时，可以适当提高钢中的含碳量，例如 9Cr18 钢的含碳量可高达 0.90%~1.00%。

B 镍

镍是扩大奥氏体区域的元素。由于碳对不锈钢的耐腐蚀性能有不良影响，所以在奥氏体不锈钢中，不是以碳而是以镍作为形成和稳定奥氏体组织的元素，借以获得良好的力学性能、耐腐蚀性能和工艺性能。但必须指出，镍的作用只有在与铬配合时才能显示出来，如果单用镍作为合金元素，钢的耐腐蚀性能提高有限，见表 6-66。由于低碳镍钢要求得到纯奥氏体组织，镍含量需高达 24%以上，因此镍很少单独作为合金元素使用。

表 6-66 不同成分的镍钢和镍铬钢在空气、海水及 10%硝酸中的化学作用

钢 种	相对的腐蚀失重/%		
	湿空气中	海水中	在 10%硝酸中（冷的）
铸 铁	100	100	100
含镍 9%的钢	70	79	97
含镍 25%的钢	11	55	69
含铬 15%的钢	0.4	5.2	0
含铬 18%的钢	0	0~0.6	0
含铬 18%、镍 8%的钢	0	0	0

从表 6-66 可以看出，单独含 25%镍的钢，其抗腐蚀性能无论在海水中、湿空气中或 10%的冷硝酸中，均比含 15%铬的钢差；而当钢中同时含有

18%铬和8%镍时，其抗腐蚀性能则显著地增强。

镍与铬配合使用时，还可改变钢的组织，如向铁素体铬不锈钢中加入一定数量的镍，通过热处理后能形成铁素体和马氏体组织，从而使钢的强度大大提高。

近年来随着镍基高温合金、精密合金以及含镍不锈钢的大量生产，对镍的需要量剧增；而镍在世界范围内的供应一般来说还是比较紧张的，在一定程度上促进了少镍和无镍不锈钢的研究和生产。

C 锰

锰也是形成奥氏体的元素之一，常在节镍不锈钢中代替部分的镍，使钢获得纯的奥氏体组织。锰形成奥氏体的作用约为镍的一半，根据这一原理，某厂曾用Cr17Mn4以代替Cr17Ni2，获得成功。锰的加入会导致钢中σ相的生成，将使含铬较少的不锈钢的耐腐蚀性稍有降低。在生产实践中认识到，若完全用锰来代替钢中的镍，要得到纯奥氏体组织是有困难的。因此，目前大都是在18-8型铬镍不锈钢的基础上以锰来代替部分的镍；或采取同时加锰和氮的方法来代替全部的镍。我国锰的资源很丰富，通过以锰代镍冶炼和生产不锈钢，具有很大的现实意义。

D 氮

氮是强烈的奥氏体形成元素，可以在不锈钢中代替镍，它形成奥氏体的能力约为镍的40倍，比碳形成奥氏体的能力还大。钢中加入微量的氮即能代替大量的镍。例如：18-8型铬镍不锈钢，在含氮0.15%时，加入5%的镍；含氮0.25%时，加入4.5%的镍；都可得到纯奥氏体组织。氮在不锈钢中可代替部分的镍，但比较多的是采取同时加氮和锰以代替部分或全部镍的办法。目前在以氮代镍的不锈钢中，氮含量为铬含量的1/100~1/75，大部分钢的氮含量在0.30%以下。

E 铜

铜是较弱的奥氏体形成元素，在铁素体铬不锈钢中加入铜可提高钢在某些还原介质中的耐蚀性，改善钢的韧性和钢水的流动性，得到高质量的铸件。当向铬镍奥氏体不锈钢中加入2%~4%的铜时，能大大提高钢在硫酸中的抗腐蚀能力。例如，在1Cr18Ni9Ti钢的基础上加入2.8%~3.2%的铜，就成为Cr18Ni9Cu3Ti钢，其塑性、强度及耐硫酸腐蚀性均大大提高，适宜于做硫酸工业中的一些管道设备。

6.4.2.2 铁素体形成元素

A 铬

铬是铁素体的形成元素，是决定不锈钢的组织和性能的主要元素之一。无论是简单的铬不锈钢，或复杂多元素的不锈钢，都含有一定数量的铬。不锈钢的抗腐蚀性能，主要是由于铬在氧化性介质中，很快生成一层致密的铬的氧化膜，这层致密的氧化膜阻止了介质对金属基体的继续腐蚀。铬钢在氧化性介质中的耐腐蚀能力，随着钢中含铬量的增加而提高（但这种升高并不是渐变的，而是突变的，当合金元素的含量达到 1/8、2/8、3/8 原子比时，铁的电极电位就跳跃式的增高，腐蚀也因此减弱，这个定律称为 $n/8$ 定律）。当铬在铁中的含量达到 $n/8$ 定律的第一个突变值 12.5%原子比时（质量比为 11.7%），就可以使钢的耐腐蚀能力发生跳跃式的突变，因此不锈钢中的铬含量一般都在 12%以上，最简单的铬不锈钢，钢中含铬量则为 12%~14%；如果要求不锈钢具有更高的抗腐蚀性，则需相应地提高其含铬量。但是，当钢处于非氧化性介质中（例如盐酸）使用时，单靠铬的作用其耐腐蚀性还是不强的，必须加入在非氧化性介质中能使钢钝化的元素，如镍、钼、铜等。

B 钛和铌

钛和铌都是铁素体形成元素，又是强烈的碳化物形成元素。钢中加入钛和铌是为了防止钢的晶间腐蚀，确切地说是固定钢中的碳，使钛和铌能与碳形成稳定的碳化物，有利于减少固溶体中过多的含碳量对钢的耐腐蚀性能所产生的不良影响。

在常温下，碳在奥氏体中的溶解度约 0.02%。若钢中含碳量高于常温下的溶解度，特别是在 400~800℃的敏化温度范围内，钢中的碳即很快向晶界扩散，而此时铬的扩散速度很小；由于碳和铬的结合能力很强，晶界上的碳和铬便形成了碳化铬，使晶粒边缘的铬含量大大降低；粗略计算，在低铬钢中每 0.1%的碳约与 1.3%的铬结合成 Cr_3C，而在高铬钢中每 0.1%的碳可与 0.17%的铬结合成 $Cr_{23}C_6$，最终导致钢的耐腐蚀性能下降，特别是抗晶间腐蚀的能力大大降低，如图 6-35 所示。

为了防止钢的晶间腐蚀，一方面应尽量降低钢中的含碳量，另一方面是加入与碳亲和力大的元素钛和铌，以便使固溶体中不发生铬的“贫化”现象。

为了把碳结合成钛或铌的碳化物，根据相对原子质量的比例关系计算，钛的加入量必须是固溶体中析出的碳含量的 4 倍，铌的加入量必须是固溶体

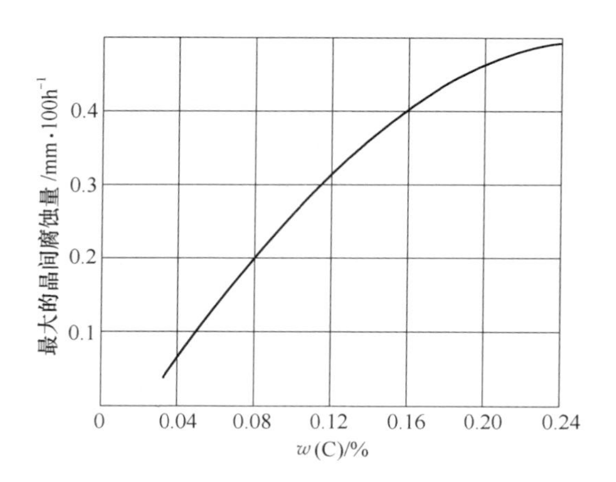

图 6-35 含碳量对不锈钢晶间腐蚀的影响

中析出的碳含量的 8 倍。而在实际生产中，加入的钛和铌将会有一小部分被氮结合成 TiN 或 NbN，所以钛或铌的实际加入量应分别大于固溶体中析出的碳含量的 4 倍或 8 倍。钢中钛和铌的加入量一般用下式计算：

$$w(\mathrm{Ti}) = 5 \times [w(\mathrm{C}) - 0.02\%] \sim 0.80\%$$

$$w(\mathrm{Nb}) = 10 \times w(\mathrm{C})$$

钛或铌还能提高不锈钢的焊接性能。由于铌对氧的亲和力比较小，在焊接时，不易烧损，所以含铌的奥氏体不锈钢的焊接性能比含钛的奥氏体不锈钢焊接性能更好。

如果钢中加入了过量的钛或铌，将使钢水变黏，在浇铸时影响钢锭表面质量；此外，还会增加钢中铁素体的含量，使奥氏体不锈钢的高温塑性显著下降，使钢的加工性能变坏；同时因为钛和铌的价格都比较昂贵，所以过量地向钢中加入钛或铌确也无此必要。

C 硅

硅也是铁素体形成元素之一，在高温下，它能形成致密的氧化膜，从而提高钢的抗氧化性。在某些耐热不起皮钢种中，硅可以代替部分的铬，有利于增强钢的抗腐蚀性，如 1Cr18Ni11Si4AlTi 钢能在发烟硝酸中使用。硅在不锈钢中通常以残余形式存在，其含量一般不大于 0.80%，主要作脱氧元素用，它能提高钢水的流动性。若 18-8 型奥氏体不锈钢中残余硅含量太高时，会出现铁素体并引起 σ 相脆性。因此，在 18-8 型铬镍奥氏体不锈钢中，如果用硅作为合金元素加入时，应使钢中的镍含量相应提高到 14%左右。

D 铝

铝也能形成非常致密的氧化膜，提高钢的抗氧化性能，而且它的作用比铬还大。铝也是强烈形成铁素体的元素之一。18-8 型奥氏体铬镍不锈钢存在铝，将导致其加工性能变坏；钢中含铝量过高同样会增加钢水的黏度，在浇铸时影响钢锭的表面质量。铝在不锈钢中通常作为脱氧元素使用。

E 钼

在某些还原介质中，不锈钢仅仅依靠铬的作用来耐腐蚀还显然不够，往往还要向钢中加入钼，以提高不锈耐酸钢的抗腐蚀性和阻止点腐蚀的倾向。向铬不锈钢中加入 1%～3%的钼（如 $Cr_{17}Mo_2$），能抵抗所有浓度的沸腾醋酸的腐蚀作用。向 18-8 型铬镍奥氏体不锈钢中加入 1.5%～4%的钼，可以提高它在各种有机酸中的耐腐蚀性。但由于钼是铁素体的形成元素，为了使钢获得单一的奥氏体组织，应适当提高钢中的镍含量，一般要提高到 12%，如 Cr18Ni12Mo2Ti，Cr18Ni12Mo3Ti 等。钼常和铜配合使用，能显著提高钢在稀硫酸、尿素、磷酸等介质中的耐腐蚀性能，如 Cr18Ni18Mo2Cu2Ti 等。

F 钨

钨也是铁素体形成元素之一，在铬镍不锈钢中加入 2%～4%的钨，能提高钢的屈服点、疲劳强度和热稳定性；此外，钨还能改善钢的韧性，显著提高钢的再结晶温度，促使钢的强化。

G 钒

钒也是铁素体形成元素，它能提高钢的再结晶温度，细化晶粒，从而提高钢的热强性。钒常和钼配合使用，如 9Cr18MoV 钢等。

6.4.2.3 其他元素

A 硫和磷

硫和磷是不锈钢中的杂质元素，一般都要加以限制，因为硫会引起钢的“红脆”，而磷则会引起钢的“冷脆”和回火脆性。不过它们在不锈钢中的影响远比在结构钢中要小，在特殊情况下，为了改善奥氏体不锈钢的切削加工性，可向钢中加入适量的硫和磷。例如 2Cr13Ni2 钢中，含硫高达 0.15%～0.25%，含磷达 0.08%～0.15%，但这类钢在轧制时易于开裂。

B 稀土元素

在不锈钢中加入稀土元素，能大大改善钢的热加工性能，甚至能使某些含钼、铜原来无法进行热加工而只能靠浇铸获得的钢种，也能进行热加工。加入稀土元素后，对钢的耐热性能也有改善，而且减弱了硫对钢的危害性；稀土元素具有很强的脱氢、脱氧作用，当钢中没有形成氮化物的元素如钒、钛、铌等时，稀土元素的去氮作用也十分明显。

C 硼

硼对中子的吸收能力很强，所以在原子反应堆中常用含硼的不锈钢，以减少中子的外泄。但含硼量高时，钢的热加工性能很差。

6.4.3 不锈钢的物理性能和质量要求

6.4.3.1 物理性能

常见不锈钢的物理性能见表6-67。

6.4.3.2 质量要求

不锈钢的用途很广泛，根据不同的用途，对不锈钢提出了不同的质量要求，按照相关标准的规定，常见的有关冶炼方面的不锈钢检验项目大致有以下几个方面。

（1）化学成分：常见不锈钢的化学成分要求见表6-68。

（2）力学性能：常见不锈钢的力学性能要求见表6-69。

（3）低倍要求：横截面酸浸试片上不应有肉眼可见的缩孔、气泡、裂缝及夹杂物等。

（4）高倍要求：在相关标准中，高倍不作为检验要求，但某些专用不锈钢需进行高倍检验，检验的项目有氧化物、硫化物、氮化钛、α相、晶粒度等。如某厂作为管坯用的1Cr18Ni9Ti钢，对高倍一般有如下要求，见表6-70。

（5）塔形检验：这个检验项目也是根据专用要求制定的，例如对某些不锈管坯钢塔形检验，按钢的不同质量要求分为两组，见表6-71。

6.4.4 不锈钢的冶炼与浇铸工艺

不锈钢可用氧化法、装入法和返回吹氧法冶炼。这三种冶炼方法特点各不相同：氧化法冶炼的不锈钢，质量较好，但成本较高，冶炼时间长，对炉体的损伤较严重；装入法冶炼不锈钢，需用较多的低磷、低硫原料钢，成品钢中的气体含量也较高。自从20世纪40年代以来，工业规模的制氧机诞生，为返回吹氧法冶炼不锈钢创造了先决条件，因为采用返回吹氧法冶炼不锈钢，能从返回料中回收大量合金元素，使钢的成本大大降低，而且钢的质量也比较好，所以目前不锈钢的冶炼，大多采用返回吹氧法。

表 6-67 常见不锈钢的物理性能

钢种	临界温度/℃				导热系数 λ						线膨胀系数 α					密度 /g·cm^{-3}	弹性模数 E	比热容 c_p /J·(kg·℃)$^{-1}$	比电阻 /Ω·m	
	A_{c1}	A_{c3}	A_{r3}	A_{r1}	100℃	200℃	300℃	400℃	500℃	600℃	100℃	200℃	300℃	400℃	500℃		20℃	20℃	20℃	100℃
1Cr13	730	850	820	700	0.066	0.066	0.067	0.066	0.065	0.063	10.5×10^{-6}	11.0×10^{-6}	11.5×10^{-6}	12.0×10^{-6}	12.0×10^{-6}	7.75	19600~21000	460.55	0.55×10^{-6}	0.70×10^{-6}
2Cr13	820	950	—	780	0.060	0.066	0.067	0.066	0.065	—	10.5×10^{-6}	11.0×10^{-6}	11.5×10^{-6}	12.0×10^{-6}	12.0×10^{-6}	7.75	21000~22300	460.55	0.55×10^{-6}	0.65×10^{-6}
3Cr13	820	—	—	780	20℃ 0.07	—	—	—	—	—	10.5×10^{-6}	11.0×10^{-6}	11.5×10^{-6}	11.5×10^{-6}	12.0×10^{-6}	7.76	21000~22300	460.55	0.55×10^{-6}	0.65×10^{-6}
4Cr13	820	1100	—	—	20℃ 0.07	—	—	—	—	—	10.5×10^{-6}	11.0×10^{-6}	11.0×10^{-6}	11.5×10^{-6}	12.0×10^{-6}	7.75	21000~22350	460.55	0.55×10^{-6}	0.65×10^{-6}
9Cr18	830	—	—	810	20℃ 0.07	—	—	—	—	—	10.5×10^{-6}	11.0×10^{-6}	11.0×10^{-6}	11.5×10^{-6}	12.0×10^{-6}	7.70	—	460.55	0.60×10^{-6}	—
Cr17	860	—	—	810	20℃ 0.063	—	—	—	—	—	10.0×10^{-6}	10.0×10^{-6}	10.5×10^{-6}	10.5×10^{-6}	11.0×10^{-6}	7.72	—	460.55	0.60×10^{-6}	—
Cr28	—	—	—	—	20℃ 0.04	—	—	—	—	—	10.0×10^{-6}	10.5×10^{-6}	10.5×10^{-6}	11.0×10^{-6}	11.0×10^{-6}	7.72~7.65	20000	460.55	0.70×10^{-6}	—
Cr17Ti	—	—	—	—	20℃ 0.06	—	—	—	—	—	10.0×10^{-6}	10.0×10^{-6}	10.5×10^{-6}	10.5×10^{-6}	11.0×10^{-6}	7.70	21000	460.55	0.60×10^{-6}	—
Cr17Mo2Ti	—	—	—	—	20℃ 0.06	—	—	—	—	—	10.5×10^{-6}	11.0×10^{-6}	11.5×10^{-6}	12.0×10^{-6}	12.0×10^{-6}	7.60	20000	460.55	0.70×10^{-6}	—
1Cr18Ni9Ti	—	—	—	—	0.039	—	0.045	—	0.053	0.056	16.6×10^{-6}	17.0×10^{-6}	17.2×10^{-6}	17.5×10^{-6}	17.9×10^{-6}	7.90	20200	502.42	0.73×10^{-6}	—
Cr18Ni12Mo2Ti	—	—	—	—	0.047	0.049	0.051	0.055	0.058	0.060	15.7×10^{-6}	16.1×10^{-6}	16.7×10^{-6}	17.2×10^{-6}	17.6×10^{-6}	7.90	20300	502.42	0.75×10^{-6}	0.85×10^{-6}
Cr18Ni18Mo2Cu2Ti	—	—	—	—	20℃ 0.04	—	—	—	—	—	16.5×10^{-6}	17.5×10^{-6}	17.5×10^{-6}	18.5×10^{-6}	18.5×10^{-6}	7.90	—	502.42	0.85×10^{-6}	—

表 6-68 常见不锈钢的化学成分

钢号	化学成分（质量分数）/%									
	C	Si	Mn	Cr	Ni	Mo	Ti	Cu	V	S	P
0Cr13	≤0.08	≤0.60	≤0.60	12.0~14.0	≤0.50					≤0.030	≤0.035
1Cr13	≤0.15	≤0.60	≤0.60	12.0~14.0	≤0.60					≤0.030	≤0.035
2Cr13	0.16~0.24	≤0.60	≤0.60	12.0~14.0	≤0.60					≤0.030	≤0.035
3Cr13	0.25~0.34	≤0.60	≤0.60	12.0~14.0	≤0.60					≤0.030	≤0.035
4Cr13	0.35~0.45	≤0.60	≤0.60	12.0~14.0	≤0.60					≤0.030	≤0.035
Cr17	≤0.12	≤0.80	≤0.70	16.0~18.0	≤0.60					≤0.030	≤0.035
9Cr18	0.90~1.00	≤0.80	≤0.70	17.0~19.0	≤0.60					≤0.030	≤0.035
Cr28	≤0.15	≤1.00	≤0.80	27.0~30.0	≤0.60		≤0.20			≤0.030	≤0.035
Cr17Ti	≤0.10	≤0.80	≤0.70	16.0~18.0	≤0.60		5×C~0.80			≤0.030	≤0.035
Cr17Ni2	0.11~0.17	≤0.80	≤0.80	16.0~18.0	1.5~2.5					≤0.030	≤0.035

续表 6-68

钢号	化学成分（质量分数）/%										
	C	Si	Mn	Cr	Ni	Mo	Ti	Cu	V	S	P
0Cr18Ni9	≤0.06	≤0.80	≤2.00	17.0~19.0	8.00~11.0					≤0.030	≤0.035
1Cr18Ni9	≤0.14	≤0.80	≤2.00	17.0~19.0	8.00~11.0					≤0.030	≤0.035
2Cr18Ni9	0.15~0.24	≤0.80	≤2.00	17.0~19.0	8.00~11.00					≤0.030	≤0.035
1Cr18Ni9Ti	≤0.12	≤0.80	≤2.00	17.0~19.0	8.00~11.00		5×(C-0.02)~0.80			≤0.030	≤0.035
1Cr18Ni9Ti 管	≤0.10	≤0.80	1.0~1.5	17.0~18.0	10.2~11.0		5.8×C~0.80			≤0.030	≤0.035
Cr17Mo2Ti	≤0.10	≤0.80	≤0.70	16.0~18.0	≤0.60	1.60~1.90	≥7×C			≤0.030	≤0.035
9Cr18MoV	0.85~0.95	≤1.00	≤1.00	17.0~19.0	≤0.60	1.00~1.30			0.07~0.12	≤0.030	≤0.035
Cr18Ni12Mo2Ti	≤0.12	≤0.80	≤3.00	16.0~19.0	11.0~14.0	2.0~3.0	0.30~0.60			≤0.030	≤0.035
Cr18Ni12Mo3Ti	≤0.12	≤0.80	≤2.00	16.0~19.0	11.0~14.0	3.0~4.0	0.30~0.60			≤0.030	≤0.035
Cr18Ni18Mo2CuTi	≤0.07	≤0.80	≤0.80	17.0~19.0	17.0~19.0	1.8~2.2	≥7×C	1.8~2.2		≤0.020	≤0.035

表 6-69 常见不锈钢力学性能

钢号	热处理				力学性能					
	淬火温度 /℃	冷却剂	回火温度 /℃	冷却剂	抗拉强度 /MPa	屈服点 /MPa	伸长率 /%	收缩率 /%	冲击韧性 /kg·m·cm^{-2}	硬度 (HRC)
0Cr13	1000~1050	油、水	700~785	油、水、空气	500	350	24	60	—	—
1Cr13	1000~1050	油、水	700~790	油、水、空气	600	420	20	60	9	—
2Cr13	1000~1050	油、水	650~770	油、水、空气	660	450	16	55	8	—
3Cr13	1000~1050	油	200~300	—	—	—	—	—	—	48
4Cr13	1050~1100	油	200~300	—	—	—	—	—	—	50
Cr17	—	—	750~800	空气	400	250	20	50	—	—
9Cr18	1000~1050	油	200~300	油、空气	—	—	—	—	—	55
Cr28	—	—	700~800	空气	450	300	20	45	—	—
Cr17Ti	—	—	700~800	空气	450	300	20	—	—	—
Cr17Ti2	950~975	油	275~300	—	1100	—	10	—	5	—
0Cr18Ni9	1080~1130	水	—	—	500	200	45	60	—	—
1Cr18Ni9	1100~1150	水	—	—	550	200	45	50	—	—
2Cr18Ni9	1100~1150	水	—	—	580	220	40	55	—	—
1Cr18Ni9Ti	1100~1150	水	—	—	550	200	40	55	—	—
Cr17Mo2Ti	退火	—	750~800	空气	500	300	20	55	—	—
9Cr18MoV	1050~1075	盐	100~200	空气	—	—	—	—	—	55
Cr18Ni12Mo2Ti	1100~1150	水	—	—	550	220	40	55	—	—
Cr18Ni12Mo3Ti	1100~1150	水	—	—	550	220	40	55	—	—
Cr18Ni18Mo2Cu2Ti	1050~1100	水	—	—	650	230	40	—	—	—

表 6-70 某厂 1Cr18Ni9Ti 管坯钢的高倍要求 (级)

氧化物	硫化物	氮化钛	α 相	晶粒度
≤1.5	≤1.0	≤4	≤2	5~8

表 6-71 某些不锈管坯钢的塔形检验要求

组别	总发纹条数/条	发纹长度/mm	发纹总长度/mm	每阶梯发纹条数/条	每阶梯发纹总长度/mm
1	≤5	≤6	≤25	≤3	≤10
2	≤4	≤4	≤12	≤2	≤7

6.4.4.1 冶炼前的准备

由于不锈钢的成品碳含量一般都比较低，因此在冶炼过程中比较容易增碳，往往造成操作被动；同时，在冶炼过程中，熔池的温度较高，特别是用返回吹氧法冶炼不锈钢时，吹氧完毕钢液温度可达 1800℃以上。根据以上两点情况，不锈钢冶炼前的准备工作主要应当着眼于：在冶炼过程中减少外界条件对钢液的增碳；注意和保证耐火材料的质量。某厂在冶炼不锈钢时，对炉衬、出钢槽、电极等有如下要求。

（1）炉衬：一般不锈钢可用沥青炉底冶炼，超低碳不锈钢应采用卤水炉底（即无碳炉底）冶炼，无论沥青或卤水炉底均须在 4 炉以后方可使用。

（2）炉盖：炉盖最好用Ⅰ级高铝砖或镁铝砖砌筑，需在用过两次以上方可使用。

（3）出钢槽：出钢槽可用沥青砖砌筑，但需用过一次以上方可使用。

（4）其他：冶炼前应注意所用电极不得有裂缝或接头存在，如有则需调换后方可冶炼。另外，水冷系统、电气系统、机械设备等也要仔细检查。

不同牌号的不锈钢，应选用不同牌号的铬铁和锰铁。例如：对成品碳含量要求小于 0.06%的 1Cr18Ni9Ti 钢，最好选用 Cr0000 牌号的铬铁，如果冶炼 2Cr13~4Cr13 等铬不锈钢，则可采用 Cr000 或 Cr00 牌号的铬铁。这样，既能保证冶炼的顺利进行，又能降低钢的成本。

6.4.4.2 配料和装料

（1）氧化法：炉料的配比和装料的要求与合金结构钢一样，但考虑到铁合金的加入量大，对钢液的增磷量比较多，所以在条件允许的情况下，炉料中的配磷量可适当低一些。

（2）装入法：略。

（3）返回吹氧法：返回吹氧法冶炼时，对配料和装料的要求比其他两种方法要高。概括地说，就是炉料要求清洁干燥，重量要准确；配料成分也要符合规定。

返回吹氧法冶炼不锈钢时的炉料，主要由本钢返回料、高合金钢、工业纯铁、低磷返回钢组成。以下着重介绍关于配料成分的要求和它对冶炼的关系。

（1）碳：为了保证钢液的氧化沸腾去气，炉料中的碳一般配得比成品碳含量的上限高0.20%~0.40%，过去由于受到氧气和耐火材料的限制，炉料中的配碳量大都偏向于上述规定范围的下限。近年来，随着氧气供应情况的不断改善和耐火材料质量的提高，以及在炉料中配入高碳铬铁的缘故，炉料中的配碳量已逐步提高，这种配碳方法有利于炉料的快速熔化，而且碳的氧化放热能大大提高钢液的温度，这对加速吹氧脱碳和最终吹氧完毕时，提高钢液中铬的回收率有利。

（2）硅：炉料中配硅有两个方面的作用，一方面由于硅比铬容易氧化，因此在吹氧割料助熔时，炉料中的硅保护了铬少受氧化；另一方面是利用硅氧化后放出的大量热量，使钢液温度大大升高，而且它的作用比碳还强烈，几乎是同量的碳氧化后所放出热量的一倍，这有利于吹氧过程中钢液的“脱碳保铬”。炉料中的配硅量一般在0.80%~1.00%，或按炉料中$w(\mathrm{Cr})/w(\mathrm{Si})=10$左右配入。

（3）铬：炉料中配铬量的多少，对吹氧后铬的回收率有很大影响，在决定炉料中的配铬量时，应考虑到供氧条件、炉衬耐火材料质量以及钢种的化学成分等。目前1Cr18Ni9Ti钢炉料的配铬量为8%~12%。如果配铬量太低，则返回料的配入量要减少，将会降低通过返回吹氧法冶炼能大量回收合金元素的意义；而配铬量太高，则吹氧脱碳比较困难，吹氧完毕，钢液必须有足够高的温度才能使其中的铬、碳元素达到平衡，否则炉料中的铬将被大量氧化。但是近年来也有资料介绍，在冶炼某些钢种时，只要选择恰当的工艺，也能采用100%的本钢返回料。

（4）镍、钼、铜：在含有这些元素的合金中，气体含量都较高，因为它们和氧的亲和力都很小，在用返回吹氧法冶炼不锈钢时，一般都将它们全部配入炉料中，有利于在吹氧脱碳过程中去除一些气体。镍还能提高碳的活度，因此将镍全部配入炉料中对吹氧降碳也有利。

（5）锰：锰在炉料中所起的作用与硅相似，但是炉料中的配锰量不像上述元素那么严格，它是随炉料带入的，一般炉料中带入的锰含量为0.50%~0.80%。

（6）磷：因为高铬钢液的脱磷比较困难，而且炉衬材料中的 P_2O_5 在冶炼过程中将被还原，以及吹氧完毕，加入了大量的铁合金，还会使钢液产生增磷的现象，用返回吹氧法冶炼不锈钢，配料时对磷的要求比较严格。因此，一般要求低于成品标准要求的0.005%或更多。

6.4.4.3 冶炼工艺

下面以某厂出钢量为20t的电弧炉，用下注法浇铸2t左右钢锭的操作工艺为例进行分析。

A 氧化法

熔化期和氧化期的操作方法与冶炼合金结构钢相同；还原期的操作特点如下：

（1）拉渣后用铝块1kg/t或硅钙块1kg/t预脱氧，接着按石灰：萤石：硅石=4：1：1的比例加入稀薄渣料，然后通电化渣，并使钢液升温；当钢液被加热到1700℃后，开出炉体，按标准要求的下限或中下限加入铬铁和必要的铁合金，合金加入后，用铁耙将铬铁推入熔池或用氧气帮助化铬，并通电。

（2）氧化法冶炼时，在还原期遇到的一个大问题是：当炉内加入大量的铬铁后，钢液温度急剧下降，加入熔池中的铬铁熔化时间较长，熔池温度一时升不起来，因此要采取快速升温的措施。一般在钢种碳含量允许的情况下，可向渣面加入铝粉、硅钙粉和少量的炭粉造泡沫渣进行还原，铝粉或硅钙粉的用量为2~3kg/t。

（3）为了确保铬铁的快速熔化和钢液的化学成分均匀，在整个还原期应加强搅拌工作。待铬铁全部熔化后，根据成品钢的不同含碳量要求，可加入小块电石0.5~1kg/t进行脱氧，这对还原期稳定渣色作用十分显著。

（4）电石加入后10~15min，再加入铝粉或硅钙粉4~6kg/t造白渣；铝粉或硅钙粉分2~3批加入，每批脱氧剂加入后，要有一定的间隔时间方可搅拌或再加入下一批脱氧剂，防止钢液大量增硅，白渣保持时间应大于30min。

（5）在还原期必须作3~4次钢液化学成分分析，并根据分析结果调整钢液的化学成分（其中钛含量除外）。

（6）当化学成分调整完毕、钢液温度合适时，即可准备出钢，以下是某厂常炼不锈钢的出钢温度。

1）9Cr18、9Cr18MoV：1590～1620℃；

2）0～4Cr13：1610～1650℃；

3）Cr17、Cr17Ti、Cr17Ni2、1Cr21Ni5Ti：1620～1650℃；

4）0～2Cr18Ni9、1Cr18Ni9Ti、Cr18Ni12Mo2Ti、Cr18Ni12Mo3Ti、Cr18Ni18Mo2Cu2Ti：1650～1670℃。

（7）出钢的形式有两种：一种是同炉白渣法，一种是异炉合成渣渣洗法。它们的操作要求分别介绍如下：

1）同炉白渣法：成品钢中有钛含量要求的，可向炉内加入钛铁，钛铁的回收率按50%～60%计算，但必须注意加钛铁后钢液的增硅情况。当钛铁加入炉内后，应用铁耙将它压入钢液，使它减少烧损和快速熔化，然后用少量铝粉或硅钙粉还原炉渣，这样经5～10min后即可出钢。不含钛的钢种，按5kg/t加入钛铁，插铝后出钢。

2）异炉合成渣渣洗法：出钢前拉除全部还原渣，如果是含钛的钢种，此时可向炉内加入钛铁，因为炉渣已全部扒除，所以钛铁的回收率比较稳定，一般在50%～65%，加钛后钢液的增硅量较少。不含钛的钢种，按5kg/t加入钛铁，并必须插铝，待钛铁或铝块熔化后即可出钢。异炉合成渣渣洗冶炼出钢过程中，钢的化学成分波动较小，钢液的增碳情况也比白渣法冶炼时要少。

B 装入法

装入法熔化期最好不吹氧助熔，但要勤拉料和推料，使炉料迅速熔化，并在炉料全熔后充分搅拌钢液，分析钢液的化学成分。经过铝粉或硅钙粉初步还原后，一般都将炉渣扒除，但也有不扒渣的，两者各有优缺点。采用不扒渣操作时，铬的总回收率较高，但还原期炉渣不容易变白，脱氧时间较长，炉渣对炉衬的侵蚀比较严重。为此，某些厂在实际操作中采用了扒渣操作，扒渣后的还原操作与氧化法还原期的操作一样。

采用装入法冶炼不锈钢时，通常炉料中铬的回收率可达90%以上。

C 返回吹氧法

a 工艺流程

某厂采取返回吹氧法冶炼1Cr18Ni9Ti等铬镍不锈钢的主要工艺流程，如图6-36所示。

b 碳和铬的氧化关系

元素的脱氧能力和温度有很大关系，钢中各元素的脱氧能力大都是随着

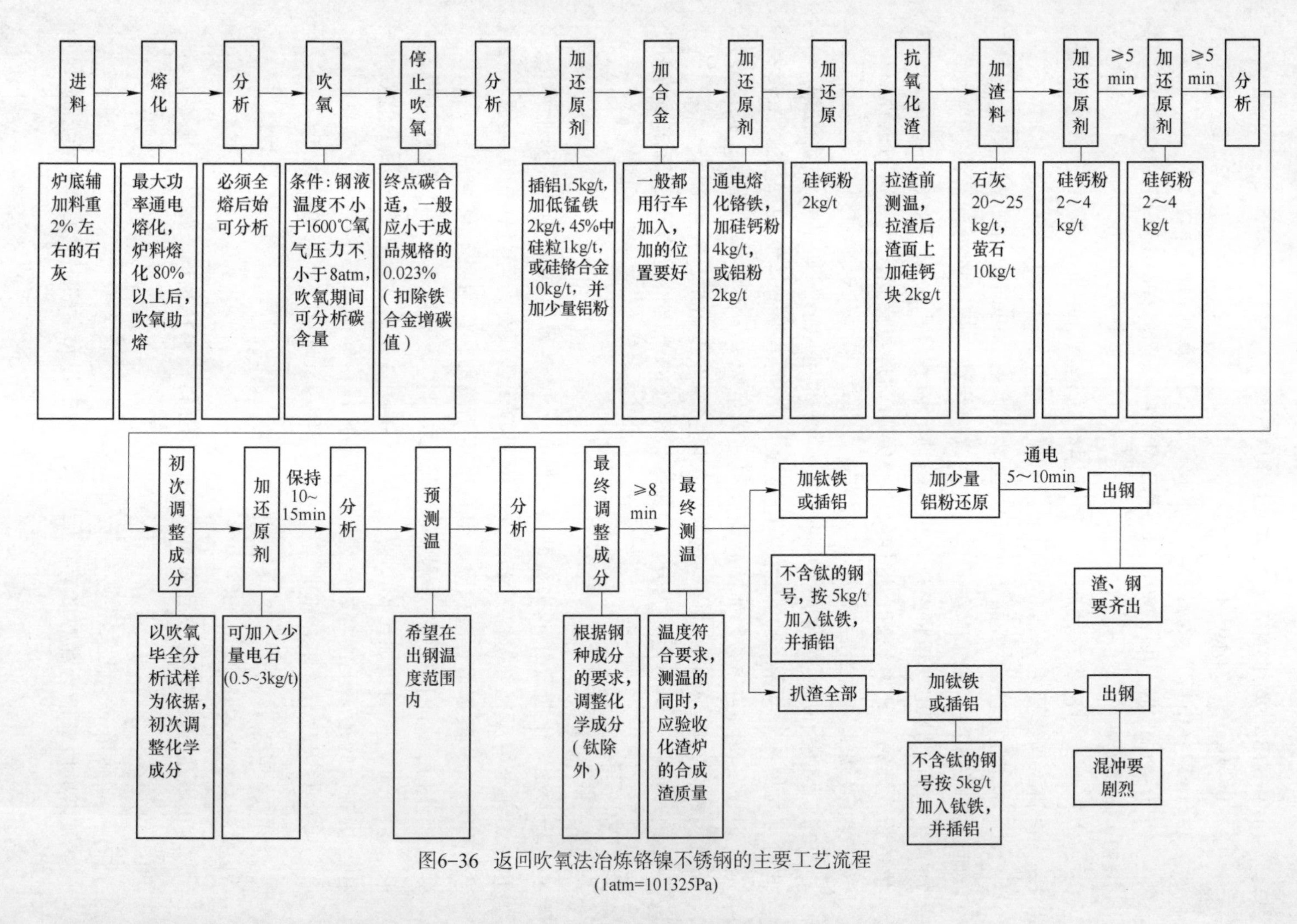

图6-36 返回吹氧法冶炼铬镍不锈钢的主要工艺流程
(1atm=101325Pa)

温度的升高而下降的，只有碳的脱氧能力是随着温度的升高而升高，如图6-37所示。

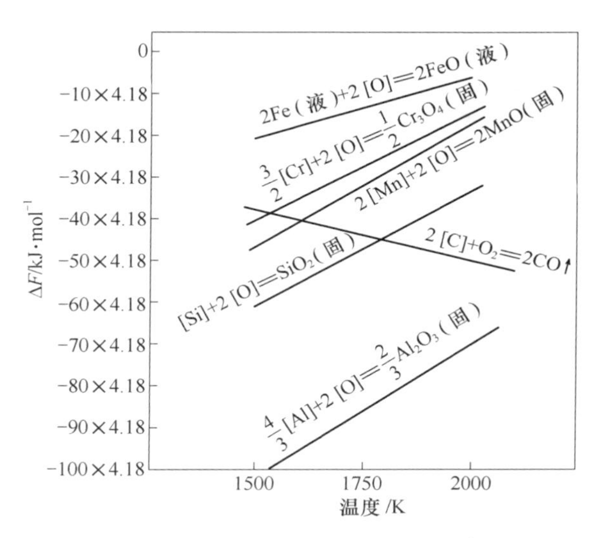

图6-37 元素脱氧能力与温度的关系

由图6-37可以看出，在一定温度下，碳的脱氧能力比某些元素如铬、锰、硅等还要强，这个温度就称为转化温度。采用返回吹氧法冶炼不锈钢就是利用这个关系达到“保铬去碳”的。图6-38表明，在含铬1%、氧气压力为1atm时，当温度在1509K的条件下，碳氧化和铬氧化放出的标准自由能相等，由此可见，1509K即为转化温度。当温度大于1509K时，钢中碳和氧的亲和力便超过铬和氧的亲和力，因此碳比铬容易氧化。这个转化温度和钢液中各元素的含量有密切关系，在采用返回吹氧法冶炼不锈钢时，通常钢液中的铬含量达8%~12%，所以实际转化温度将大大超过1509K。根据理论计算，当钢液中含铬12%、碳0.40%和镍9%时，转化温度为1853K，即1580℃。图6-39是在不同脱碳温度下，钢液中含铬量和含碳量的关系。

由图6-39可以看出，钢中的含铬量越高、含碳量越低，则在反应平衡时的温度也就越高，如果达不到这样的温度，就会出现钢中铬元素的大量烧损和吹氧过程中碳不降低的情况。因此在吹氧脱碳前，钢液必须具有足够高的温度，同时需向炉料中配入一定量的硅、锰等发热元素。

c 冶炼工艺特点说明

（1）进料和熔化：进料前炉底先加入料重2%左右的石灰，以保证熔化渣具有一定的碱度，这对减少吹氧过程中铬的烧损以及炉衬的侵蚀都有好处。

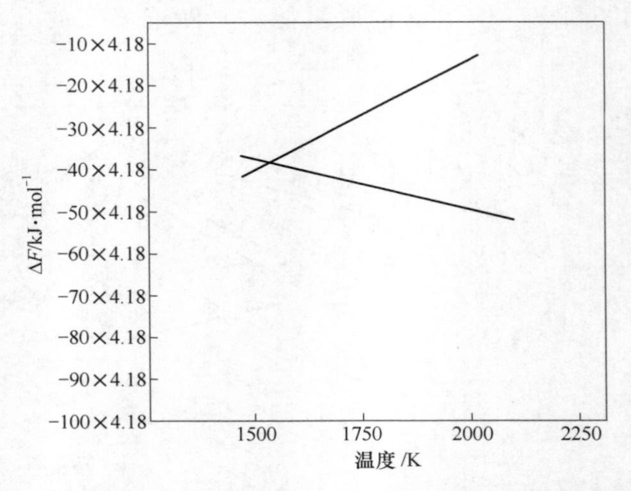

图 6-38 含铬 1%、氧气压力为 1atm 时，碳、铬脱氧能力的转化关系
(1atm = 101325Pa)

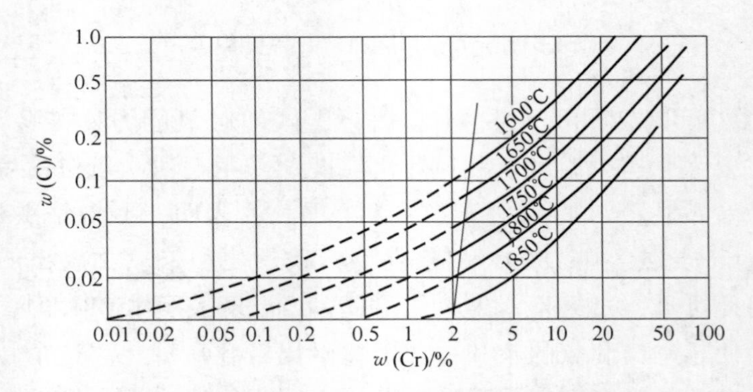

图 6-39 不同脱碳温度下钢液中含铬量和含碳量的关系

熔化期以大功率送电，吹氧助熔的时间比一般钢种要晚些，大都在炉料熔化 80%以后进行。吹氧助熔以切割炉料为主，尽量少吹钢水，避免低温时炉料中的铬元素大量氧化。分析钢液的化学成分，需待炉料全熔后方可进行，这样可使分析具有足够的代表性。在熔化过程中，炉料中的硅有 30%～40%被氧化。

(2) 氧化过程：当钢液温度大于 1600℃（炉料中配铬量小于 12%时），氧气压力在 8atm[1] 以上时，开始吹氧脱碳。为了提高供氧速度，最好采用多管吹氧。

---

[1] 1atm = 101325Pa。

在用返回吹氧法冶炼不锈钢时，开始吹氧脱碳的温度和供氧速度是影响“脱碳保铬”的两个重要工艺因素。某厂曾统计了吹氧时的氧气压力和铬元素烧损之间的关系，如图6-40所示。

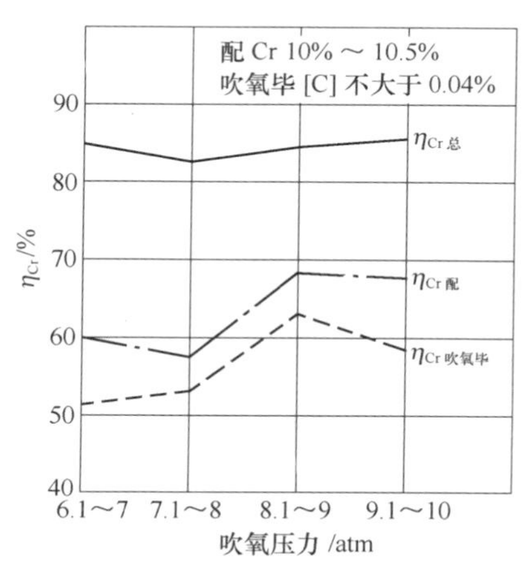

图6-40　吹氧压力和铬元素烧损的关系

(1atm=101325Pa)

在吹氧时，氧气管位置要经常移动，并防止吹坏炉底和炉墙。为了保证钢液的足够温度，开始吹氧时，一般都不停电，这时钢液中的硅、锰元素首先氧化；吹氧1~2min后，炉门口和电极孔上面冒出大量的火焰，这是钢液中的硅锰元素氧化转为碳元素氧化的标志，此时可停电，并升高电极继续吹氧。当钢液中的碳含量小于0.10%，“碳焰”明显地缩小，炉渣已变稠，可根据吹氧时间、氧气压力、开始吹氧的温度、钢液含铬量、炉渣情况，并结合化验分析结果，进行综合考虑，确定是否可以停止吹氧。通过不断实践，不断总结，便能绘出一条吹氧降碳曲线。图6-41为某厂的吹氧降碳曲线。

(3) 终点碳含量的控制：在返回吹氧法冶炼不锈钢时，终点碳含量控制得恰当与否，对整个冶炼过程的操作以及技术经济指标，都有十分重要的关系。往往有时对还原期的钢液增碳问题考虑得比较多，故大都采取过量吹氧，尽量降低终点碳的含量。但是，采取上述操作引起了一系列新问题。

根据碳、铬平衡的关系及实际生产数据，可以明显地看到：终点碳含量越低，钢液中铬的烧损越大，特别是终点碳含量小于0.035%以后，铬的烧损量将会突然上升，如图6-42所示。

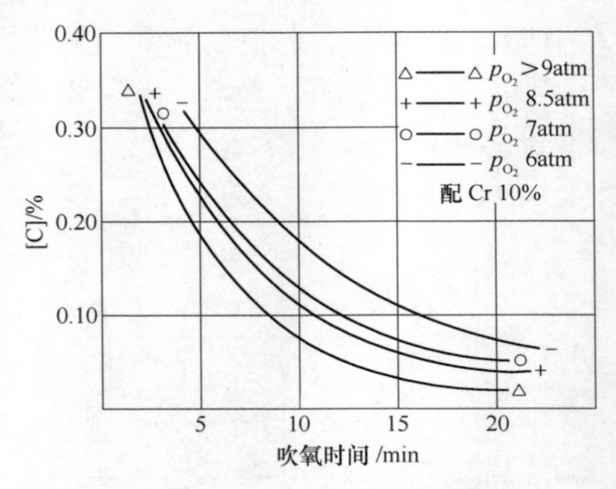

图 6-41 吹氧降碳曲线

(1atm = 101325Pa)

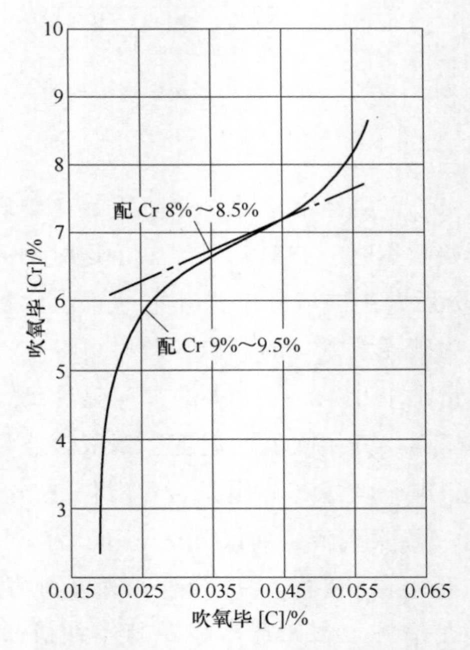

图 6-42 吹氧毕钢液中碳、铬含量的关系

曾对某炉号吹氧过程中的碳、铬含量进行了分析，绘制了图 6-43 的曲线。

同时，由 80 炉 1Cr18Ni9Ti 钢的吹氧终点碳含量和终点铬含量的关系中可以看出：若将终点碳含量由 0.03%提高到 0.045%，则铬的烧损可以减少 10%左右，如图 6-44 所示。

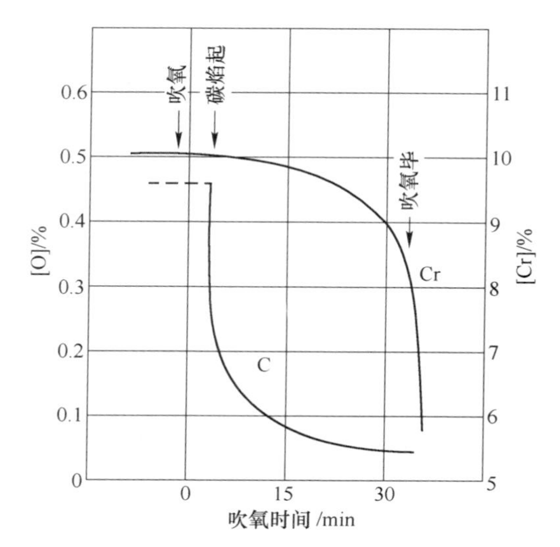

图 6-43 某炉号吹氧过程中碳、铬含量的变化

（氧气压力为 8atm；［Si］熔清为 0.37%；［Mn］熔清为 0.71%；吹氧温度大于 1610℃；1atm = 101325Pa）

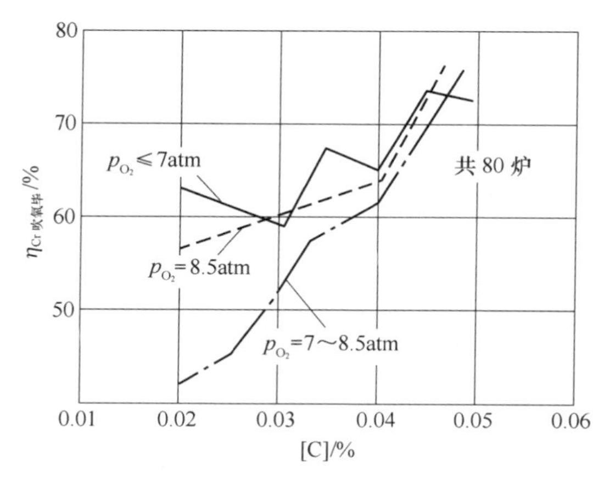

图 6-44 吹氧毕钢中碳含量对铬回收率的影响

（1atm = 101325Pa）

由于过量吹氧后，钢液温度升得很高，炉渣中酸性氧化物含量增加，使炉衬长期处于高温荷重软化和化学侵蚀的状态下，损坏十分严重。同时，因为大量炉衬材料被侵蚀，使炉渣变得十分黏稠，相应地增加了扒除氧化渣和脱氧操作的困难。

如果备有氧气流量表，则终点碳含量的控制就比较容易掌握。当在其他条件固定时，脱碳量和氧气消耗量应有一个固定值（两者之间的关系可用大量经验数据来确定），这样在吹氧前可根据钢液的成分、温度、预先确定氧气消耗量，吹氧过程中，只要根据氧气流量表上的读数和氧气压力的情况，不需要进行化学分析，即可确定停止吹氧与否。

（4）提高炉料中铬的回收率：在吹氧过程中铬的烧损是难以避免的，要提高炉料中铬的回收率可从以下两方面着手。一方面是尽量减少吹氧过程中铬的烧损；另一方面是努力将吹氧毕富含氧化铬的炉渣加以还原。从前面的情况分析中，了解到配料成分、吹氧条件等一系列工艺因素对钢液脱碳、炉衬寿命以及铬回收率的影响。下面介绍关于高氧化铬渣的还原问题。

（5）钢液的脱氧以及高氧化铬渣的还原：在用返回吹氧法冶炼不锈钢时，从吹氧脱碳完毕、加入脱氧剂开始，直至拉氧化渣的一段过程中，操作的主要任务是：使钢液初步脱氧，以及使高氧化铬渣中的铬部分得到还原。影响还原的因素，主要有炉渣的碱度、钢液的脱氧程度和温度等。

1）炉渣的碱度：提高炉渣的碱度，即减少 SiO_2 的含量，有利于渣中铬的还原，用以下的化学反应式可以说明：

$$2(Cr_mO_n) + n[Si] = 2m[Cr] + n(SiO_2)$$

当炉渣碱度 $\frac{w(CaO) + w(MgO)}{w(SiO_2)} = 1.4 \sim 1.7$ 时，最有利于渣中铬的还原；如再提高炉渣碱度，则渣中的铬还原不多，如图 6-45 所示。

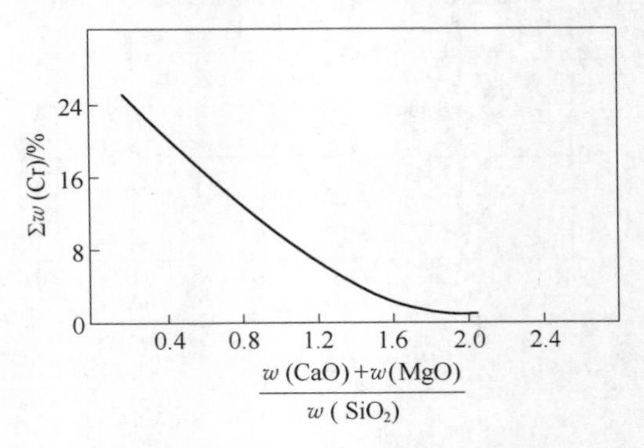

图 6-45　碱度对渣中铬还原的影响

为了保证炉渣的碱度，除了在进料前向炉底加石灰外，还应根据实际情况，在吹氧过程中或吹氧毕向炉内补加适量的石灰。

2）钢液的脱氧：不锈钢的含碳量都比较低，氧化过程中吹了大量的氧，因而钢中的含氧量都较高，若单纯依靠扩散脱氧，则渣中的铬将难以还原。

据有关资料介绍：依靠扩散脱氧，即使上层炉渣中的铬得到还原，而与钢液接触部分的渣中的铬则仍然得不到还原，因此必须采取深部脱氧的措施。深部和扩散脱氧的材料一般用铝、硅铁、锰铁和硅铬合金等。某厂在吹氧完毕后，立即向钢液插铝 1.5kg/t，并加低碳锰铁 2kg/t 和 45%中硅粒 1kg/t 或硅铬合金 10kg/t，即基于上述理由。对于钢液的脱氧和炉渣的还原来说，采用硅铬合金效果较为显著。据介绍：若用硅铬合金脱氧并结合单渣法冶炼，可在 10min 左右将渣中氧化铬含量由 25%降到 5%，铬的回收率可提高到 92%~95%，从而缩短了冶炼时间，降低了操作人员的劳动强度。某厂在单渣法冶炼不锈钢时，曾用硅铬合金进行脱氧试验，也取得了显著的效果。其操作过程是：在吹氧结束后，插铝 1.5kg/t，并向炉内加入粒度为 8~15mm 的硅铬合金 10~15kg/t，以及石灰8~10kg/t，待以上材料加毕后，立即搅拌钢液和炉渣 3min，然后开出炉体加入铬铁；当铬铁全熔后，用 6kg/t 的硅钙粉分两批进行还原。扩散脱氧还原后 8~10min，搅拌取样作二次分析，并按分析结果调整化学成分；待调整合金熔化后，即扒除还原渣，进行异炉合成渣渣洗。试验结果表明：炉渣的还原速度大大加快，炉渣的还原程度大大提高，从吹氧毕插铝和加硅钙合金开始，经过 30min 左右的时间，渣中铬的氧化物已基本上得到还原，出钢前渣中 Cr_2O_3 含量已降到 4%左右。而一般工艺在拉氧化渣前，渣中的 Cr_2O_3 含量却高达 15.83%~25.10%，参见表 6-72 和表 6-73。

表 6-72 冶炼时炉渣中 $\Sigma w(FeO)$、$w(Cr_2O_3)$ 的变化情况

工艺名称	取样时间	$\Sigma w(FeO)/\%$	$w(Cr_2O_3)/\%$
一般工艺	吹氧毕	8.10~14.51	17.51~27.09
	拉氧化渣前	7.40~12.80	15.83~25.10
用硅铬合金脱氧、单渣法冶炼	炉料全熔	—	0.54
	吹氧毕	12.00	17.77
	加硅铬合金 3min 后	3.72	10.64
	出钢前	2.00	4.10

表 6-73 用硅铬合金脱氧、单渣法冶炼时铬的回收情况* (%)

工艺名称	$\eta_{Cr吹氧末}$	$\eta_{Cr配}$	$\eta_{Cr总}$
一般工艺	63.1	65.2	84.3
用硅铬合金脱氧、单渣法冶炼	69.2	80.8	90.3

注：* $\eta_{Cr吹氧末}=\dfrac{吹氧毕钢液中纯铬量}{配料时纯铬量}$；$\eta_{Cr配}=\dfrac{拉氧化渣时钢液中纯铬量}{配料时纯铬量}$；$\eta_{Cr总}=\dfrac{出钢前钢液中纯铬量}{所有配入炉内的纯铬量}$；

80.8%是指$\dfrac{加硅铬合金3min后钢液中的纯铬量}{配料时纯铬量}$的值；在 90.3%数据中已扣除硅铬合金对钢液的增铬量。

采用硅铬合金脱氧能提高铬回收率的主要原因是：由于硅铬合金的密度介于钢液和钢渣之间，因此当向炉内加入硅铬合金后，反应即在渣-钢界面进行，既有沉淀脱氧的作用，又有扩散脱氧的效果，因此对炉渣脱氧就比较彻底。国外有些厂在冶炼不锈钢时，也普遍使用硅铬合金脱氧，使用量有时达到54kg/t。

3）温度的控制：返回吹氧法冶炼不锈钢时，对温度控制有两个过程要特别注意：

①吹氧末钢液的温度很高，如不及时采取降温措施，炉衬很容易损坏，此时加入大量铬铁，既起了合金化的作用，又得到降温的目的。对于Cr13型不锈钢，由于吹氧毕铬的回收率比较高，成品钢中的铬含量又只有13%左右，因此吹氧毕加入炉内的铬铁量就比较少，钢液温度仍然比较高，此时必须适当减小输入的电功率，也可再向炉内加入部分的优质碳素废钢或本钢种返回料。

②采用异炉合成渣渣洗时，出钢前钢液的温度应比白渣法冶炼时要高一些，一般以控制在出钢温度范围的上限为宜（出钢温度的要求范围与氧化法一样）；因为采用异炉合成渣渣洗，出钢前扒除还原渣时将会导致钢液降温。这一点在采用氧化法和装入法冶炼时也有同样的要求。

6.4.4.4 浇铸工艺

由于不锈钢含碳量低、含铬量高，而且含有钛等元素，因此钢液的流动性比较差，要浇出表面和内在质量都比较好的钢锭，采用一般的浇铸方法难以获得理想的效果。对不锈钢的浇铸，经过许多单位的长期实践和探索，至目前为止比较好的方法有液体保护渣浇铸和固体保护渣浇铸两种。

A 对钢包的要求

鉴于不锈钢的内在质量要求和钢种特性，一般新钢包需用过两次以上方可使用，修补严重的钢包也不宜使用，钢包的注门砖一般都选用较大的孔径。

B 对模子和浇铸平板的要求

模子应选择好的，模温应控制在90～110℃。采用液渣保护浇铸时，为了使液渣在模内上升时减少结壳现象，最好先在距模底200mm的高度吊一只薄木框，这对改善钢锭的表面质量和减少皮下夹渣具有明显的效果。固体渣浇铸时，某厂采用两种配方，其固体保护渣成分见表6-74。

表 6-74 某厂浇铸不锈钢时采用的固体保护渣成分 (%)

配方	$NaNO_3$	硅钙粉	硅铁粉	白渣粉	柳毛石墨	萤石粉	小苏打	适用钢种
Ⅰ	30	15	15	40	—	—	—	含碳量<0.15%的不锈钢
Ⅱ	—	—	—	—	80	10	10	含碳量>0.15%的不锈钢

C 镇静时间

为了使钢中的夹杂物充分上浮和气体大量析出，在出钢量为 25t 的钢包内，浇铸 2t 左右钢锭时，镇静时间一般要求不小于 7min。

D 浇铸操作

采用液渣保护浇铸时，从浇完保护渣到开始浇钢的间隔时间要尽量短，以确保浇钢时渣子的流动性良好。浇铸时，在模内钢水不沸腾的情况下，注速可尽量快一些，2t 左右的钢锭，锭身浇铸时间在 70～150s。采用固体渣保护浇铸时，其用量为2～3kg/t，可在浇铸前全部加入模内，也可分两次加入(一半在浇铸前，一半在浇铸中途)。钢液在模内上升时不应有沸腾现象。当采用表 6-74 中配方Ⅰ的固体渣浇铸时，锭模上面烟雾很大，对人体健康有一定的影响，目前正在改进中。

从以上两种浇铸方法来看，液体渣所取得钢锭的质量效果比固体渣要好一些，但是用液体渣保护浇铸钢锭时，液体渣的成分、温度对钢锭的质量有很大的影响；而用固体渣保护浇铸时，对钢锭质量的影响比较小，而且可以把化渣炉解放出来，所以目前不锈钢的浇铸方法，有以固体渣逐步代替液体渣的趋势，质量问题也在不断改进中。无论液体渣或固体渣保护浇铸，补注的时间必须达到锭身时间的 70%以上，采用中长流或冲压补注都可以，渣子到帽口后应设法扒除，尤其是液体渣；如果浇铸毕不扒除，将在帽口上部结成硬壳，阻碍钢液中气体的析出，甚至会使帽口抬起来，引起帽口缝隙漏钢的事故，同时因渣壳很厚，影响了发热剂的使用效果，会增加钢锭的缩孔。

E 钢锭的冷却、退火和精整

钢锭浇铸完毕，在进行适当冷却后，最好热送加工车间，如不可能，则作模冷或退火考虑。对铬镍奥氏体不锈钢来说，在钢锭冷却过程中，开裂倾向较小，一般只需进行模冷即可；而其他类型的不锈钢，在浇铸完毕后，则须进行退火。某厂浇铸 2t 不锈钢钢锭时，在浇铸完毕后，经过 1.5～2h 即起吊，然后分别进行模冷、热送或退火，其过程如图 6-46 所示。

不锈钢钢锭的精整，一般都采用砂轮研磨或剥皮车床剥皮。对于制造钢板和钢管的不锈钢钢锭（或钢坯），要求其精整质量比一般不锈钢高。

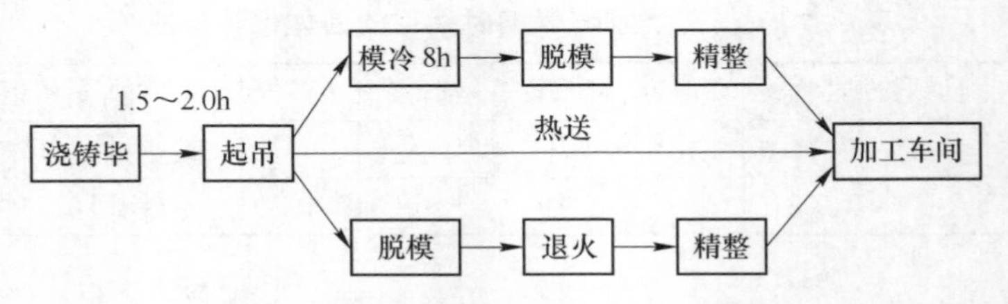

图 6-46 不锈钢钢锭冷却、退火和精整过程

6.4.5 不锈钢的常见缺陷及其改进途径

6.4.5.1 孔洞

在某些不锈钢的低倍试片上，常常出现一些分散的、单颗的小孔洞。这些小孔洞比疏松和腐蚀孔穴要粗而深，分布部位也不相同，目前在低倍评级标准图片上，还没有这类缺陷的注释和说明。某些单位根据其形态、特点分别称为“针状孔洞”或“夹杂孔洞”。这些低倍缺陷，对钢材性能的危害性很大。这类孔洞原先在钢中已存在，它和疏松以及由于热酸时间控制不当而产生的“腐蚀穴”有着根本的区别。孔洞的直径一般为 0.20～0.40mm，完全可以通过肉眼来观察。如在高倍下观察，“夹杂孔洞”形状不规则，有呈近似圆形或多边形的，边缘较粗糙，并有夹杂物聚集，大多出现在 1Cr18Ni9Ti、Cr21Ni5Ti 和 Cr13 型不锈钢上。“针状孔洞”不同于“夹杂孔洞”，“针状孔洞”的横断面大多为圆形或椭圆形，边缘较光滑，周围没有夹杂物的聚集，大多出现在 Cr17Ni2 等类型的钢种上。

A 形成原因

夹杂和气体是分别形成“夹杂孔洞”和“针状孔洞”的重要因素。根据某厂分析认为：在 1Cr18Ni9Ti、Cr21Ni5Ti 和 Cr13 型不锈钢上出现的这种夹杂孔洞的边缘上，有硅酸盐、氧化物，铬铁矿夹杂和氮化钛聚集，在对 1Cr13 钢孔洞处的夹杂物进行电子探针分析后，结果发现在孔洞处的夹杂物中 Al_2O_3 和 MgO 的含量很高，结果见表 6-75。

表 6-75 1Cr13 钢孔洞处的夹杂物电子探针分析情况

（质量分数，%）

试样	Al_2O_3	MgO	CaO	SiO_2	Mn	S	Fe	Cr
1	86	12	0.2	—	—	—	1.4	0.2
2	82	17	—	—	—	—	0.5	0.2

因此初步认为：这种夹杂孔洞的主要形成因素是夹杂，而夹杂的来源正是由于脱氧不良、耐火材料浸蚀、铁合金熔化不好以及插铝不当等所引起。特别是在钢水温度低和流动性差的情况下，夹杂物未能充分上浮，极易造成这类缺陷。

Cr17Ni2 钢上发现的“针孔”，其形成机理目前看法还不一致。根据某厂分析，发现有针孔缺陷的炉号，钢中的含氢量明显地高于无针孔缺陷的炉号。Cr17Ni2 是马氏体-铁素体型不锈钢，一般认为氢在 α 固溶体和 δ 固溶体中的溶解度比较小，如在冶炼中途去气不良，将导致钢中的含氢量过高；而当钢锭在结晶时，这些氢就会析出，形成针状的小气孔。

B 改进措施

不锈钢常见缺陷的改进措施如下：

(1) 炉料的清洁和干燥工作要注意；

(2) 氧化期做到高温均匀沸腾，以提高去气去夹杂的效果；

(3) 对“针孔”缺陷比较严重的钢种，可采用氧化末期插入电极进行二次沸腾的操作工艺，大量去气去夹杂；

(4) 出钢前加入炉内的各种铁合金，须待其全部熔化后才能出钢；

(5) 做好出钢槽和浇铸系统的清洁和干燥工作；

(6) 要有足够的镇静时间，确保夹杂、气体的上浮和析出。

6.4.5.2 α 相

A 形成原因

在 18-8 型奥氏体不锈钢中出现的 α 相组织，严重影响到钢的加工塑性和抗腐蚀性能，因而在 1Cr18Ni9Ti 管坯用钢的技术条件中，对 α 相的评级要求严格。在冶炼工艺方面，影响 α 相评级的重要因素是钢的化学成分，主要是钢中铬、镍元素之间的关系，这种关系对钢组织的影响，如图 6-47 所示。

图 6-47 中所取的当量值如下：

$$\text{Ni 当量} = \%\text{Ni} + 30\times\%\text{C} + 0.5\times\%\text{Mn}$$

$$\text{Cr 当量} = \%\text{Cr} + \%\text{Mo} + 1.5\times\%\text{Si} + 0.5\times\%\text{Nb}$$

虽然对合金元素的当量值，目前还存在着某些不同的观点（例如应考虑氮、钛、铝等元素的作用），图 6-47 也仅适用于从很高温度下快速冷却后的钢；不过利用此图对了解一些复杂成分的不锈钢组织，具有一定的参考价值。譬如：含 C 0.07%、Mn 1.55%、Si 0.57%、Cr 18.02%、Ni 11.87%、

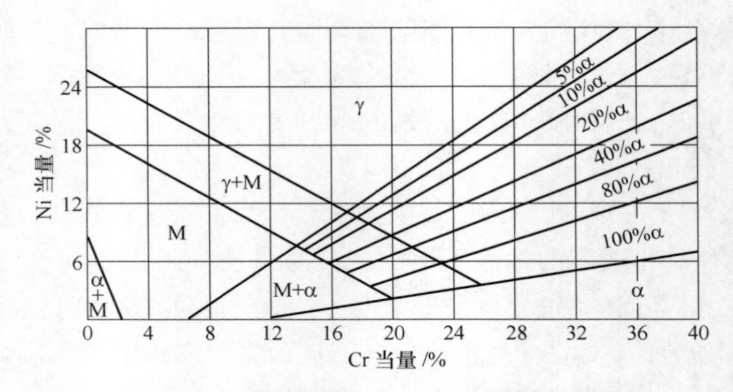

图 6-47 不锈钢中铬、镍含量对钢组织的影响

Mo 2.16%、Nb 0.80%的 Cr18Ni12Mo2Nb 不锈钢，根据计算可知：

Cr 当量 = 18.02% + 2.16% + 1.5×0.57% + 0.5×0.8% = 21.44%

Ni 当量 = 11.87% + 30×0.07% + 0.51×1.55% = 14.76%

再从图 6-47 中可查得，此钢的组织由奥氏体和少量铁素体（0~5%）组成，又对此钢作磁性分析检验，结果铁素体含量为 2%，说明计算方法和实际测定的结果是相近的。α 相还可以通过某些经验公式加以控制。

B 改进措施

为了控制钢中的 α 相含量，必须很好地控制 $w(\mathrm{Cr})/w(\mathrm{Ni})$ 和 $w(\mathrm{Ti})/w(\mathrm{C})$。从减少 α 相的含量出发，应适当提高钢中的镍含量和碳含量，但是镍配得过高，势必增加钢的成本；而提高碳的含量，对钢的晶间腐蚀又不利，因此必须全面加以考虑。某厂要求 1Cr18Ni9Ti 管坯钢的 $w(\mathrm{Cr})/w(\mathrm{Ni})$ 控制在不大于 1.78，在实际生产中一般都掌握在 1.6~1.7，所以 α 相的评级基本上都能达到不大于 2 级的要求。

6.4.5.3 发纹

发纹是沿钢材轴线方向的细长裂纹，通常用车削塔形的方法进行检验（塔形试样的尺寸、加工要求及检验方法等详见相关标准），这些细小裂纹的长度一般在 20mm 以下，形状和毛发差不多。

发纹破坏了钢的致密性，当利用有发纹的钢材制作受力较大的零件时，发纹处于应力集中的地方，极易损坏，从而大大降低零件的使用寿命。

用电弧炉冶炼的不锈钢，在一般情况下，发纹是难以避免的，因此对不同牌号、不同用途、不同成品规格的不锈钢，确定了不同的发纹检验标准要求。

据有关资料介绍：在不锈钢中，发纹的敏感性具有明显的组织特征，即所谓“钢种特性”。其中马氏体钢最敏感，半马氏体与珠光体钢次之，铁素体与奥氏体钢的敏感性最小。在常炼的不锈钢中以1Cr13、2Cr13的发纹出现率最严重，18-8型不锈钢的发纹情况则不太严重。

从各个厂的数据来看，不锈钢中发纹分布的规律以钢锭尾部最多，头部最少，尾部的中心部位比外部要多；而头部的中心部位则比外部要少。图6-48是某厂1Cr18Ni9Ti钢发纹在钢锭各部位的分布情况，头部发纹出现率为20.22%、中部为20.65%、尾部为59.13%。但是通过液渣保护浇铸后，这个规律发生了变化，其中以头部第一阶梯出现情况最严重。

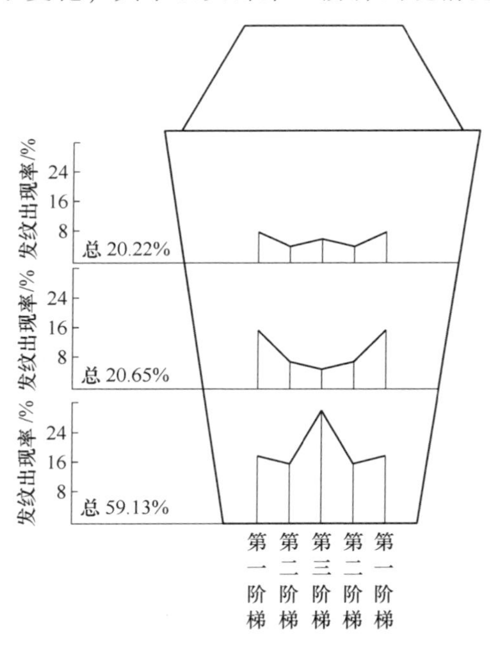

图6-48 某厂1Cr18Ni9Ti钢发纹在钢锭各部位的分布情况

A 形成的原因

钢中的夹杂物和气体是形成发纹的两个重要因素。当钢中存在较多的夹杂物和气泡时，破坏了金属的连贯性，在外力影响下，例如加工应力、相变应力、热应力等，夹杂物和气泡聚集处就易产生裂纹。根据现有资料来看，不锈钢由于夹杂物因素而形成发纹的机会要比气体大得多，这从夹杂物与发纹的对应关系可以说明，其对应试验过程如下：先将金相试片做夹杂物定性，在夹杂物处做好标记，记下夹杂物的类型及长度；再作发纹检验。试验结果表明：夹杂物的类型、长度对发纹的出现都有密切的关系。钢中的塑性夹杂物（硅酸盐、硫化物），在锻轧过程中沿加工变形方向伸长，它们和金属的连接性好，不破坏金属的致密性，因此不易形成发纹；而高熔点的脆性夹杂物（氧化物、氮化物），塑性很差，锻轧过程中破碎为带尖角的碎片，严重划伤了金属，破坏了金属的致密性，酸浸后夹杂物剥落，容易形成发纹。钢中夹杂物密集程度越高，夹杂物越长，则在该部位形成发纹的机会越多。表 6-76 是夹杂物的特征与发纹的对应关系。

表 6-76 夹杂物特征与发纹的对应关系

夹杂物类型	项 目	夹杂物长度/mm			
		0.14~0.45	0.50~1.00	>1.10	合计
Ⅰ	有间隔链状夹杂条数/条	121	36	20	177
	对应出现发纹条数/条	10	10	8	28
	对应率/%	8.2	28	40	15.8
Ⅱ	密集夹杂物条数/条	39	28	14	81
	对应出现发纹条数/条	6	15	13	34
	对应率/%	15	54	92	42
Ⅰ+Ⅱ	对应率/%	10	39	62	24

从表 6-76 中可以看出，当钢中夹杂物的长度大于 1.10mm 时，出现发纹的机会大大增加。

气体型发纹与夹杂型发纹相比，其特征是粗而细长，一般在 5~20mm，它并不完全沿加工方向延伸，而是呈斜而弯曲的裂口，裂口内没有夹杂物聚集，这种发纹大部分集中在塔形试样的第一阶梯。

钢锭冷却不当，往往也是形成发纹的原因之一。特别是 2Cr13、Cr17Ni2 等类型的钢种，采取适当的缓冷制度，可以减轻发纹的出现率，但不能完全消除。因为这些类型的钢种，相变应力大，一旦冷却不当，组织应力和热应力集中于夹杂物处，便形成了发纹。但是总的来说，冷却不当仅仅是形成发纹的外因，而夹杂物的聚集才是形成发纹的内因。

B 改进措施

因为形成发纹的主要原因是夹杂物和气体，所以要改善不锈钢的发纹，必须从减少钢中的夹杂物和气体着手。根据不锈钢的生产工艺特点，可采取以下措施。

（1）采用合适的冶炼工艺：目前看来，采用氧化法和返回吹氧法要比采用装入法冶炼的质量好，发纹出现较少；当采用合成渣异炉渣洗时，发纹的出现率比一般冶炼时又要小得多，见表 6-77。

表 6-77 Al_2O_3-CaO 合成渣异炉渣渣洗冶炼工艺对发纹的改善情况

工艺	头部条数/总长/mm			中部条数/总长/mm		
	第一阶梯	第二阶梯	第三阶梯	第一阶梯	第二阶梯	第三阶梯
一般冶炼	40/144	15/38.5	7/38.5	19/25	32/100	17/18
渣洗	37/181	0	5/13	0	0	0

工艺	尾部条数/总长/mm			炉数/有发纹炉数	有发纹的塔形数
	第一阶梯	第二阶梯	第三阶梯		
一般冶炼	19/34.5	8/21	2/3	22/20	21
渣洗	0	5/20	3/11	15/5	6

（2）某厂在冶炼某些不锈钢时曾采用二次沸腾操作，对去气、去夹杂有明显的效果，特别是去氢的效果更好。因为采用一般返回吹氧法冶炼时，只有吹氧脱碳的沸腾过程，对于气体敏感性特别强的钢种，这一过程不足以解决钢的针孔和发纹等缺陷；而采用二次沸腾后，这些缺陷大为减少。二次沸腾的操作过程是在氧化期吹氧脱碳结束后，即停电将电极插入钢液中去，由于石墨电极和含氧量很高的钢液发生反应，生成 CO 气泡，引起了钢液的激烈沸腾，利用这个沸腾作用，达到去除钢中气体和夹杂物的目的。采用二次沸腾操作时，应注意：吹氧毕钢液中的含碳量以及二次沸腾的时间等因素，对于二次沸腾的效果都有很大的关系。

吹氧脱碳结束后，熔池中钢液的温度越高，含碳量越低，而钢液中溶解的氧量则越多，在电极插入钢液后，二次沸腾也就越激烈。图 6-49 为某厂冶炼 Cr17Ni2 钢时，二次沸腾前钢中含碳量与二次沸腾后钢中氢含量的关系曲线。

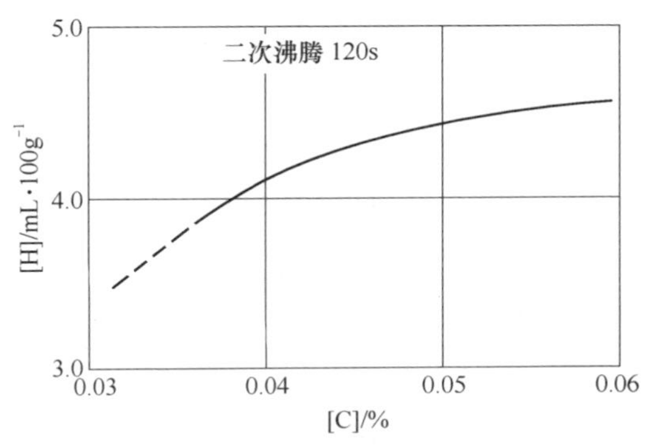

图 6-49 二次沸腾前钢中含碳量与去氢效果的关系

二次沸腾的时间长短与二次沸腾后钢液中的去氢效果有很大关系。图 6-50 为某厂冶炼 Cr17Ni2 钢时，二次沸腾时间的长短与钢液中去氢效果的关系。

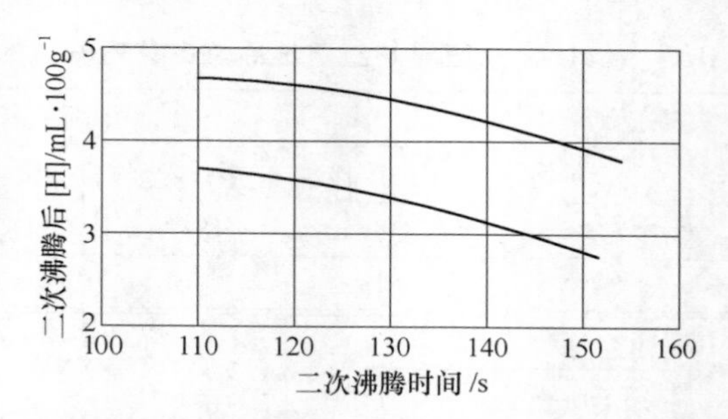

图 6-50　二次沸腾时间的长短与钢液中去氢效果的关系

从图 6-50 中可以看出：二次沸腾的时间越长，钢液去氢效果越好；但是考虑到二次沸腾过程中，由于电极插入钢液会使钢液增碳，同时二次沸腾时间过长，对炉体的损坏也较严重，因此必须适当控制，一般二次沸腾的时间都控制在 1～2min。

二次沸腾后钢液的增碳量，与二次沸腾前钢液的含碳量以及二次沸腾的时间长短有关。二次沸腾前钢液的含碳量越高，则增碳速度越大，如图 6-51 所示。二次沸腾的时间越长，同样增碳速度也越大，如图 6-52 所示。

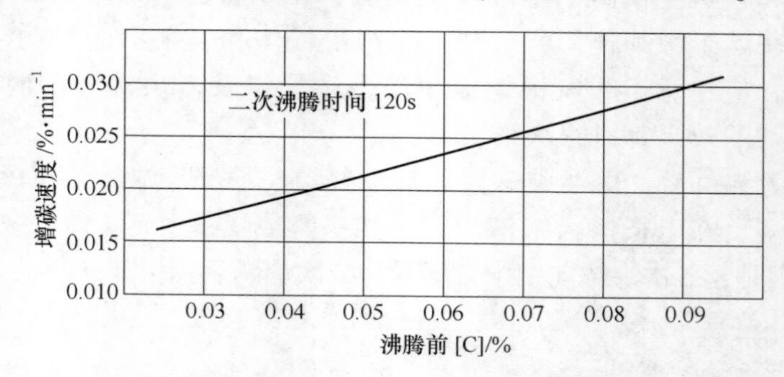

图 6-51　二次沸腾前钢中含碳量与二次沸腾后钢液增碳的关系

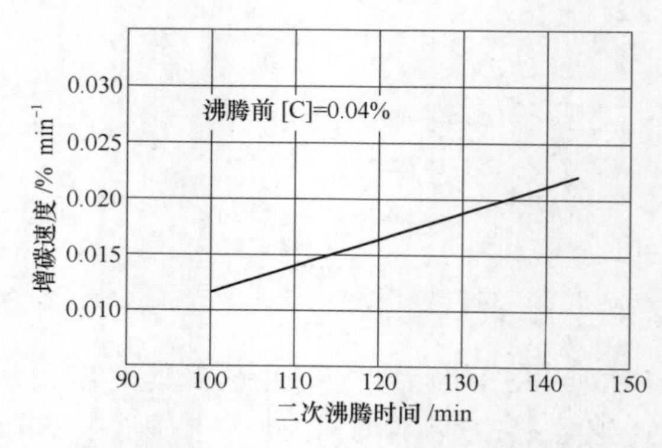

图 6-52　二次沸腾时间的长短与二次沸腾后增碳速度的关系

二次沸腾后，钢液中的气体含量大大减少。某厂冶炼 Cr17Ni2 钢时，经二次沸腾后，通常钢液中的含氢量可降低 2～5mL/100g，使出钢前钢液中的含氢量由 10mL/100g 下降到 8mL/100g 左右，有效地改善了该钢种由于气体敏感性强而产生的发纹和针孔。

(3) 对加入炉内的所有原材料和辅助材料，都应尽量保持干燥，炉体、出钢槽、钢包必须烘烤良好，浇铸系统的清洁干燥工作也不容忽视。

(4) 关于液体渣保护浇铸减轻不锈钢发纹的作用，目前意见还不一致，有的认为对发纹情况有改善，有的认为会导致发纹情况恶化。根据某厂经验认为：液体渣保护浇铸的工艺因素变化较多，如果各项工艺参数配合恰当(包括合成渣系的选择、渣温，渣量、浇铸锭型、模温、钢的浇铸速度和浇铸温度等)，发纹情况能够得到很好地改善，管坯的收得率由一般浇铸时的73.5%提高到 87%；反之，如果配合不当，则发纹情况反会恶化，甚至会出现钢锭尾部严重夹渣的情况。

(5) 在出钢和浇铸过程中，采用氩气保护，以减少钢液的二次氧化，也有利于改善钢的发纹。

(6) 在配料和装料时，应考虑有一定的余钢量，因为在钢包中，接近炉渣的一部分钢液，杂质较多，这些钢液浇入锭模后，势必增加钢锭中的杂质，形成严重的发纹。某厂曾经发生过误将炉渣浇入锭模内的情况，结果这一块平板上的钢锭成材后发纹特别严重，而另一块未浇入炉渣的钢锭，成材后则没有出现发纹。

(7) 采用电渣重熔措施，对改善发纹的效果十分显著。

6.4.6 节镍和无镍不锈钢

6.4.6.1 节镍和无镍不锈钢的性能

镍是昂贵而又稀缺的元素，为了节约不锈钢中的镍，而又要求能获得性能良好的奥氏体组织，许多国家曾对用锰和氮以代替镍的可能性做了大量的试验研究工作，逐步出现了节镍或无镍的铬锰系、铬锰氮系、铬锰镍系和铬锰镍氮系等奥氏体不锈钢种。

锰是扩大奥氏体的元素，但是必须在一定条件下，才能使铬锰不锈钢成为稳定的单一的奥氏体不锈钢。当钢中的铬含量低于 15%时，为了在室温下得到稳定的单一的奥氏体组织，可以向钢中加入较多数量的锰 (15%)；但是当钢中的铬含量大于 15%时，无论如何增加钢中的锰含量，都不能得到单一的奥氏体组织。正是由于钢中的铬含量受到上述限制，对铬锰钢的耐腐蚀性能产生一定的影响；铬锰钢的韧性和深冲性能良好，焊接性也好，因此常用来制造冷冻工业中的低温设备，以及医疗器械和食品工业的器皿等；铬锰钢也是无磁性的，可用来做发电机和扫雷艇的零部件；在化学工业中可代替铬镍钢用于在轻微腐蚀介质条件下工作的零部件。

在铬锰不锈钢的基础上，加入一定数量的氮，可使含铬15%以上的铬锰不锈钢的组织成为单一的奥氏体组织。但是这时钢中的含氮量需在0.36%以上，钢中的含氮量高，虽然有利于钢的奥氏体化，并能提高钢的机械强度和深冲性能，却容易引起钢的皮下气泡。由于这种原因，单相奥氏体铬锰氮钢的生产工艺就比较复杂，在一定程度上影响了它的发展速度。有时当不一定需要获得单一的奥氏体不锈钢组织时，例如只需要奥氏体和铁素体组织时，则可适当降低钢中的含氮量。就目前生产的铬锰氮不锈钢来说，大都是存在奥氏体和铁素体组织的双相钢。我国生产的0Cr17Mn13Mo2N(A4)就属于这类钢，它的化学成分和力学性能见表6-78。这类钢可在航空工业和化学工业中代替1Cr18Ni9Ti钢使用。

表6-78 0Cr17Mn13Mo2N(A4)钢的化学成分和力学性能

钢 号		0Cr17Mn13Mo2N(A4)
化学成分（质量分数）/%	C	≤0.08
	Mn	12~15
	Si	≤1.00
	S	≤0.030
	P	≤0.060
	Cr	16.5~18.0
	Mo	1.8~2.2
	N	0.20~0.30
性 能		1030~1070℃水淬后，$\sigma_b \geq 750$MPa，$\sigma_a \geq 450$MPa，伸长率不小于30%，面缩率不小于55%

在铬锰氮钢的基础上，若再加入少量的镍，便能使铬锰氮钢成为单一的奥氏体组织，解决含铬量大于15%的铬锰氮钢的奥氏体化问题。这类钢的含镍量仅为18-8型铬镍奥氏体不锈钢的40%~60%，具有良好的抗氧化介质腐蚀的性能，而且它的力学性能和焊接性能也不低于18-8型铬镍奥氏体不锈钢。因此，在许多情况下，这类钢都能代替18-8型铬镍奥氏体不锈钢使

用。我国这类钢比较成熟的钢号有Cr18Mn8Ni5N。另外，加钼的铬锰镍氮钢具有较小的晶间腐蚀倾向，在还原介质中也有较好的耐蚀性，如Cr18Mn10Ni5Mo3N不锈钢，在尿素工业中使用，已取得很好的成效。它们的化学成分和力学性能见表6-79。

表6-79 Cr18Mn8Ni5N和Cr18Mn10Ni5Mo3N钢的化学成分和力学性能

钢 号		Cr18Mn8Ni5N	Cr18Mn10Ni5Mo3N
化学成分（质量分数）/%	C	≤0.10	≤0.10
	Mn	7.5~10.0	8.5~12.0
	Cr	17.0~19.0	17.0~19.0
	Si	≤1.00	≤1.00
	Ni	4.0~6.0	4.0~6.0
	Mo	—	2.8~3.5
	N	≤0.25	≤0.30（约0.25）
	P	≤0.06	≤0.06
	S	≤0.03	≤0.03
性 能		在1100~1150℃水淬后，$\sigma_a \geq$ 300MPa，$\sigma_b \geq$ 650MPa，伸长率不小于45%，面缩率不小于60%	在1100~1150℃水淬后，$\sigma_a \geq$ 350MPa，$\sigma_b \geq$ 700MPa，伸长率不小于45%，面缩率不小于65%

6.4.6.2 节镍和无镍不锈钢的冶炼特点

以A4钢为例，在冶炼时，需要解决碳、氮含量的控制和防止产生皮下气泡等三个关键问题。

A 碳含量的控制

由于这种钢的成品碳含量不大于0.08%，锰的含量又较高，在用装入法冶炼时，必须注意冶炼过程中钢液的增碳，防止由于增碳太多，使碳含量高出格而造成操作被动。为此，需将炉料中的配碳量尽量控制得低一些（不大于0.05%），这就需要配用较多的低碳原料钢，从而限制了某些含碳量大于0.08%的不锈钢废钢和本钢返回料的利用，增加了钢的成本。当改用返回吹氧法冶炼时，这个问题得到了解决。在冶炼时，碳含量的控制与1Cr18Ni9Ti钢一样。

B 氮含量的控制

氮含量的控制比较复杂，变化因素多。某厂通过几年来的实践，初步摸索到一些规律。

（1）装料方法的影响：锰和铬都和氮有较大的亲和力。锰、铬在加热过程中都会吸收氮，而且电解锰吸收氮比金属铬等更为强烈。如果在炉料进炉后，不立即通电，电解锰和金属铬在红热炉衬的烘烤下便会吸收氮，因此炉料熔清后，钢中含氮量即较高；反之，如果进料后立即通电，熔清后钢中的含氮量就较低。某厂用装入法冶炼 A4 钢时，采用料斗进料，进料后 2min 通电，熔清后，钢中含氮量为 0.025%；而用人工进料时，进料时间 62min，在进料过程中，电解锰和金属铬在红热状态下吸收了大量的氮，熔清后，钢中含氮量竟高达 0.090%。配料时如果少用些电解锰，多用些 A4 钢返回料，则熔化期吸氮的数量就较少。总之，熔化期增氮是免不了的，一般要增氮 0.06%~0.11%，因此炉料的配氮量宜控制在 0.18%~0.20%。

（2）冶炼方法的影响：装入法冶炼时，钢中的含氮量比返回吹氧法冶炼容易控制。用返回吹氧法冶炼时，因为有吹氧脱碳沸腾去气的过程，导致钢液中的氮大部分逸出，故在还原期必须加入大量的含氮铬铁和含氮锰铁来进行氮含量的调整，从而对氮的控制造成了困难。

（3）操作因素的影响：在调整氮含量时，当加入含氮量低的含氮铬铁和含氮锰铁，氮的回收率就高；而加入含氮量高的含氮铬铁和含氮锰铁，氮的回收率就低。根据某厂实践得知，当还原期加入含氮量为 1%左右的铬铁时，氮的平均回收率达 96.4%；而加入含氮量为 7%左右的铬铁时，氮的回收率仅 75%。

为了能够将氮控制在标准范围内，配料时锰和铬的配入量应留有余地，以便在还原期能用含氮铬铁和含氮锰铁来调整钢液中氮的成分。

值得注意的是：含铬钢氮的溶解度有一个负的温度系数，即钢温升高，氮的溶解度反而降低，因此在还原期要避免后升温，防止大量的氮向炉气中扩散。至于产生这种现象的原因，还有待于研究。

C 防止产生皮下气泡

铬锰氮不锈钢容易产生皮下气泡，这是在冶炼和浇铸中碰到的一个主要难题。氮是钢中奥氏体的主要形成元素，加入量过少不能获得足够量的奥氏体，加入量过多，则在凝固过程中，由于溶解度的降低而析出，便会形成皮下气泡。为了解决皮下气泡的问题，首先应了解该钢种在固态下氮的溶解度，但是基于固态钢中氮的溶解度测定是比较困难的，因此只能从钢中各元素对固态下氮的溶解度的影响来分析和解决这个问题。

（1）钢中各元素对氮的活度系数的影响：例如铬和锰可以降低氮在铁中的活度系数，从而提高氮的溶解度。

(2) 钢中各元素对钢组织的影响：其中碳和镍对氮的活度系数影响很小，但因它们能增加钢中奥氏体的含量，而在奥氏体中氮的溶解度要比在铁素体中高得多，所以碳和镍也间接地提高了钢中氮的溶解度。曾有人在 Fe-Cr-Mn-Ni-C 系中做过这样的试验：在液态下，使钢液中的含氮量达到饱和，当钢中的镍、碳含量低时，钢液凝固后产生了皮下气泡；而当镍、碳含量较高时，钢液凝固后则不产生皮下气泡。

镍和锰对钢中氮的溶解度的影响，在某些文献中也有报道。表 6-80 为含碳 0.06%~0.08%、铬 17.5%和硅 0.4%~0.5%的钢中，锰、镍含量对钢锭产生气泡倾向的影响。

表 6-80 钢中的锰、镍含量对钢锭产生气泡倾向的影响

(质量分数,%)

成 分	不产生气泡的极限含氮量	成 分	不产生气泡的极限含氮量
Mn 7	0.15	Mn 7+Ni 5	0.25
Mn 9	0.19	Mn 9+Ni 5	0.30
Mn 11	0.23	Mn 11+Ni 5	0.36
Mn 14	0.30	Mn 14+Ni 5	0.46
Mn 17	0.50	—	—

从表 6-80 中可以看出：钢中锰、镍含量对钢锭产生气泡的影响很大，所以在冶炼铬锰氮不锈钢时，选择和控制钢中的锰含量是很重要的。为了稳定奥氏体组织，只需要 8%~10%的锰，但是为了要溶解足够量的氮，必须把锰含量再提高一些。A4 钢中的含氮量为 0.20%~0.30%，从表 6-80 中可以看出，要使钢液溶解 0.30%的氮，而且在钢锭凝固后不产生气泡，则钢中的锰含量应不低于 14%；再考虑到由于钼所造成的增加铁素体的作用，锰含量的选择和控制还要更高些。

在钢的化学成分相同的条件下，有时钢锭产生气泡，有时又不产生气泡，这和冶炼、浇铸工艺的某些因素有关。实践证明：钢中氮含量对皮下气泡的产生影响很大，冶炼时，钢中含氮量宜控制在标准要求的中下限。但当钢中氢、氧、氮含量都比较高的时候，即使这三者的单独含量都没有达到产生气泡的程度，也可能导致气泡的形成。因此，在还原期应加强脱氧操作，出钢温度不能太高。在浇铸时，如果用石蜡草圈保护，则较易产生皮下气泡；若采用液渣保护浇铸，对防止钢锭产生皮下气泡有一定作用，但目前数据还比较少，尚有待于进一步摸索。

6.4.7 超低碳不锈钢简介

超低碳不锈钢中的碳含量小于0.03%，其最大特点是具有良好的抗晶间腐蚀的性能，近年来在各方面取得了很快的发展和应用。

6.4.7.1 奥氏体型超低碳不锈钢

将奥氏体不锈钢中的碳含量降到0.03%以下，大大地提高了钢的抗晶间腐蚀性，对于焊件的质量也有很大改善，消除了由于采用稳定元素钛、铌等引起的焊接后出现的“刀口”腐蚀现象，提高了钢材的使用寿命。由于钢中含碳量的降低，钢的屈服强度也随之降低，对采用这类钢来设计制造高压容器时，往往需采取增加容器壁厚的措施。为了弥补由于碳含量降低而对钢材强度产生的影响，相应地发展了含氮0.10%~0.20%的超低碳不锈钢，它的$\sigma_{0.2}$可提高30%~50%。表6-81列举了某些奥氏体型超低碳不锈钢的主要化学成分。

表6-81 某些奥氏体型超低碳不锈钢的主要化学成分

（质量分数，%）

类别	国别	牌号	C	Si	Mn	Cr	Ni	Mo	Cu	N
一般奥氏体型超低碳不锈钢	中国	00Cr17Ni13Mo2	≤0.03	≤1.0	≤2.0	16.0~18.0	12.0~14.0	2.0~3.0		
	日本	SUS28ELC	<0.018	<0.98	<1.97	18.10~19.90	9.10~12.90			
	日本	SUS33ELC	≤0.018	<0.98	<1.97	16.10~17.90	12.10~15.90	2.05~2.95		
	瑞典	2RK65	≤0.02	0.45	1.8	19.5	25.0	4.5	1.5	
	瑞典	2RN65	≤0.02	0.45	1.8	17.5	24.0	4.7		
	法国	UranUS-50T	≤0.02	0.50	0.80	17.0	13.0	2.5	1.5	

续表 6-81

类别	国别	牌 号	C	Si	Mn	Cr	Ni	Mo	Cu	N
含氮奥氏体型超低碳不锈钢	英国	FV695	0.03	0.30	1.5	18.9	10.5			0.20
	美国	USS304LN	≤0.03	≤0.10	≤2.0	18.0~20.0	8.0~12.0			0.10~0.15
	瑞典	3R69	0.03			17.0	13.6			0.18
	西德	Remanif1810SEN	0.03	1.0	2.0	17.0~20.0	10.0~12.5			0.15~0.25

6.4.7.2 铁素体型超低碳不锈钢

铁素体型高铬不锈钢，在某些介质中具有较好的耐蚀性；但是它的塑性和韧性都比较低，而且具有较高的缺口敏感性。如含铬量大于18%的钢，其脆性-韧性转变温度高于室温，Cr27 钢为 65~150℃，晶粒长大倾向严重，焊件的热焊影响区也很脆，导热性差，焊接时容易产生裂纹。

近年来，通过对碳+氮含量小于 0.01%、含铬 17%~28%的钢种进行研究表明，在碳、氮含量降低的同时，能使铁素体型高铬钢具有良好的塑性，显著地改变了其脆性-韧性转变温度，抗晶间腐蚀性和可焊性也都大大提高，可以代替 18-8 型奥氏体钢使用，节约大量的镍。

6.4.7.3 超低碳不锈钢的冶炼和浇铸

A 冶炼

超低碳不锈钢（以 00Cr17Ni13Mo2 为例）可用氧化法或返回吹氧法冶炼。因为采用返回吹氧法冶炼时，钢的成本低，质量好，而且操作工艺简单，所以目前大多采用返回吹氧法。

由于吹氧后期，钢液温度很高，对炉体的浸蚀极为严重，因此冶炼超低碳不锈钢应在良好的无碳卤水炉底下进行。

炉料应由清洁干燥的废钢和合金组成。炉料的配碳量不宜太高，一般应控制在 0.30%左右。炉料的铬含量宜配到 7%以下，因为在吹氧脱碳时，终点碳含量必须控制得很低；如铬含量较高，则大量的铬将被氧化（可达 60%以上），形成氧化铬含量很高的黏稠炉渣，覆盖在钢液面上，阻碍了 CO 气泡的排除，影响到钢液的脱碳速度。炉料中配入的其他元素含量与一般不锈钢相同。某厂采用返回吹氧法冶炼 00Cr17Ni13Mo2 超低碳不锈钢的配料成分见表 6-82。

表 6-82 00Cr17Ni13Mo2 超低碳不锈钢的配料成分

元 素	C	Cr	Ni	Mo	Si	Mn	P
含量（质量分数）/%	0.31	6.94	15.35	2.65	1.01	0.595	0.022

在进料时，炉底上应预先铺加 15~20kg/t 的石灰，以保护炉底。

当炉料全部熔化完毕，钢液温度达 1600℃以上时，拉除炉内部分炉渣，即可用双管或三管连续吹氧、脱碳。吹氧过程中，氧气压力应保持在 8~10atm[1]。当钢液中碳含量降到 0.010%~0.008%时，即可停止吹氧，插铝 3~4kg/t，接着加入 20~25kg/t 的硅铬合金进行脱氧，然后开出炉体加入金属铬铁，再分批加入铝粉进行预还原和稀化炉渣。在一般情况下，这时不进行通电操作，但要经常推渣和搅拌钢液，帮助铬铁熔化，并使炉渣中的铬充分还原。当铬铁完全熔化，炉渣变稀时，即可除去全部渣，然后在赤裸的钢液面上加入硅钙块 2kg/t，并加入稀薄渣料，在稀薄渣下插铝 1kg/t，稀薄渣化匀后，再分批加入少量铝粉进行还原，并经常推渣和搅拌钢液，等炉渣变白以后，用高电压和中小电流通电 5min 左右，然后停电，升高电极，取样分析。

在整个还原期，应根据钢液中的碳含量及温度情况，适当地采用高电压、中小电流通电或停电操作。在还原过程中，采用硅钙粉进行扩散脱氧，保持白渣，但在用硅钙粉脱氧以后，不宜再加入铝粉，以免大量回硅。

根据分析结果调整成分后，当炉内白渣保持 30min 以上、钢液温度达到 1620~1640℃时，即可加入钛铁 7kg/t，充分搅拌钢液，升高电极出钢。

B 浇铸

超低碳不锈钢的浇铸工艺与一般不锈钢相同，当用下注法浇铸 ϕ750mm 的圆锭或 2t 的方锭时，在钢水质量为 12~28t 的钢包中，一般都选用 60mm 的注口砖孔径。

为了使钢液中夹杂物充分上浮，应使钢液保持 4~8min 的镇静时间。

在浇铸过程中，钢液在锭模中的保护方法要选择恰当，既要保证钢锭表面质量，又要防止钢液增碳。根据某厂的经验，采用液体渣和固体渣保护浇

[1] 1atm = 101325Pa。

铸，其效果比其他方法要好。

其他如浇铸速度以及帽口的填补，钢锭的起吊、缓冷等操作，均与1Cr18Ni9Ti钢相同。

6.4.7.4 超低碳不锈钢常见缺陷和改进措施

A 碳出格

在超低碳不锈钢冶炼过程中，常常发生成品碳含量出格的现象，这一问题是冶炼超低碳不锈钢的主要问题，必须在冶炼的全过程中缜密注意，认真做好脱碳操作和防止大量增碳，以保证钢中的含碳量合格。

在脱碳过程中，务必保证有很快的脱碳速度，为了做到这一点，炉料中的含铬量不能配得太高。吹氧操作和氧气压力一定要控制好，在吹氧结束后，要尽量减少外界因素对钢液的增碳。进料前要检查电极夹持器是否正常，短电极头要打掉，防止在冶炼过程中电极折断或脱落等现象；冶炼前和冶炼中途，都要注意电极夹持机构、炉盖和操作平台的清洁工作；加入炉内的渣料和合金也要保持清洁；在加合金、搅拌钢液和出钢过程中，一定要升高电极，防止电极对钢液的增碳；要采用中期的钢包出钢，在出钢前必须将出钢槽和钢包清理干净。

B 氧化物夹杂评级不合

氧化物夹杂评级不合也是超低碳不锈钢经常出现的缺陷。因为超低碳不锈钢在吹氧毕钢液中含有大量的氧，脱氧任务很重；还原期由于钢液温度较高和避免增碳，有很长一段时间需采用停电操作，钢、渣之间的扩散脱氧反应受到一定的限制，所以钢材中氧化物夹杂的评级经常出现不合。

为了降低钢中氧化物夹杂，必须认真做好预脱氧、扩散脱氧和终脱氧等操作，在还原期炉渣要造好，渣色要白，流动性要合适。要加强钢液和炉渣的搅拌，以增加钢、渣的接触面。在钢中碳含量允许的条件下，出钢前要适当采用大电压、中小电流通电操作，以保证炉渣的流动性和使钢液具有足够的温度；出钢温度应在1620℃以上，不能过低。镇静时间要合适，使钢液中的夹杂物得以充分上浮。

参考文献

[1] 李士琦，李伟立，刘仁刚，等．现代电炉炼钢［M］. 北京：原子能出版社，1995.
[2] 傅杰．钢冶金过程动力学［M］. 北京：冶金工业出版社，2001.
[3] 傅杰，等．现代电炉炼钢技术的发展、问题及对策［C］//电炉炼钢学术会议论文集，2002.
[4] 王中丙，等．现代电炉—薄板坯连铸连轧［M］. 北京：冶金工业出版社，2004.
[5] 傅杰．现代电炉冶炼周期综合控制理论及应用［J］. 北京科技大学学报，2004，26（6）.
[6] 殷瑞钰．冶金流程工程学［M］. 北京：冶金工业出版社，2004.
[7] 傅杰．中国电炉炼钢问题［J］. 钢铁，2007，42（12）：1-6.
[8] 傅杰．史美伦．现代炼钢流程冶炼工序的共性问题［J］. 中国冶金，2005，（12）.
[9] 王新江，傅杰，李晶．现代电弧炉高效化生产与流程工程学问题［C］//现代电炉炼钢流程与工程论文集，北京：冶金工业出版社，2005：142-146.
[10] 奥特斯 F. 钢冶金学［M］. 倪瑞明，等译．北京：冶金工业出版社，1997.
[11] 傅杰．钢液中氮的控制理论及其应用［C］//魏寿昆院士百岁寿辰纪念文集，北京：科学出版社，2008：107-112.
[12] 傅杰．电炉冶炼周期及钢中氮含量综合控制理论与应用［C］//2008 年两岸冶金学术研讨会论文集，高雄：中国台湾中钢公司，2008：79-93.
[13] 徐迎铁．烟道竖炉电弧炉冶炼工艺优化与动态模拟研究［D］. 北京：北京科技大学，2006.
[14] 傅杰，兰德年．现代电弧炉炼钢技术的发展及我国电炉钢生产的前景［C］//中国电炉流程与工程技术，北京：冶金工业出版社，2005：21-41.
[15] 徐匡迪，洪新．电炉短流程回顾和发展中的若干问题［C］//中国电炉流程与工程技术，北京：冶金工业出版社，2005：1-11.
[16] 兰德年．钢铁行业节能减排方向及措施［J］. 冶金管理，2005（7）：25-30.
[17] 殷瑞钰，张春霞．钢铁企业实施循环经济为建立节约型社会做贡献［J］. 冶金管理，2005（5）：4-9.